KB058089

LEFT
EXIT 155B

미국 남부

한 달 여행

LEFT
EXIT 155B

미국 남부 한 달 여행

EXIT ONLY

10 95

로스앤젤레스에서
마이애미를 거쳐
뉴욕까지

김춘석 지음

미국 남부의 비경과
역사 문화를
즐기는 여행

스타북스

코로나바이러스 감염증-19가 세계를 휩쓴 지 3년이 지나서야 여행 가방 위에 쌓인 먼지를 털었다.

2019년 8월, 한 달 동안 미국 북부를 여행하고 나서 다음 해에 미국 남부로 여행을 가기로 마음먹었다.

그러나 그해 말 발생한 코로나바이러스 감염증-19가 2020년 초 우리나라를 포함하여 지구 전체로 확산하며 이 계획 추진을 중단하였다.

작년 말부터 여러 나라가 출입국 방역 규제를 완화하였다.

그래도 미국 입국 시 코로나바이러스-19 "예방 접종 증명서(질병관리청장 발행, 여주보건소장 대행)"를 지참해야 했다.

금년 1월 말부터 여행계획을 세우고 5월1일부터 6월3일까지 34일간 미국 남부를 여행하였다.

여행을 마치고 돌아보니 이번 남부여행은 4년 전 북부여행과 비교하여 다르거나 특이한 점이 몇 가지 있었다.

우선 이번 남부여행은 찾아간 장소 중에 역사 유적지나 문화 관련 명소가 많았다.

보스턴의 프리덤 트레일, 샌안토니오의 알라모 요새, 애틀랜타의 마틴 루터 킹 주니어 국립 역사지구, 노퍽의 맥아더 장군 기념관, 올랜도의 디즈니 월드(매직 킹덤), L.A.다저스 스타디움, 뉴올리언스의 재즈공연(프리저베이션 홀), 윌리엄즈버그 민속촌, 듀랭고와 실버톤 간 협궤증기기관차, 키웨스트의 헤밍웨이 집 등이 주요 방문지이었다.

이에 비하여 북부여행 때는 요세미티, 그랜드 캐니언, 브라이스 캐니언, 아치스, 옐로스톤 등 국립공원과 모뉴먼트 밸리, 더 웨이브와 안텔로프 캐니언, 데빌스 타워, 마운트 러시모어, 나이아가라 폭포 등 빼어난 자연경관이 주요 탐방지이었다.

다음으로 남부여행 중 미국 내에서 높아진 한국의 위상을 느낄 수 있었다.

구글 맵을 사용하여 목적지를 찾아갈 때 차량의 이동 방향을 한국어로 안내하고 현 위치 인근의 한국식당, 주유소, 세탁소, 카센터 등도 한국어로 검색할 수 있어 4년 전보다 아주 편하게 여행하였다.

방문한 장소 중 화이트 샌즈 국립공원, 칼스배드 동굴 국립공원, 워싱턴디시 국회의사당(내부) 등에 들어갈 때 한국어로 된 안내 팸플릿을 받아보고 가슴이 뿌듯하였다.

36년 전인 1987년 9월, 제12차 국제소비자기구 세계총회에 참석하고 귀국 길에 들린 스위스 융프라우의 산악열차 내에서 안내방송이 일본어로 나오는 것을 들으며 세계적인 일본의 위상을 실감하고 부러워했었던 기억을 불러일으켰다.

지금은 융프라우 산악열차 안내방송에 우리말까지 나온다고 하는데 우리나라의 국력이 신장되고 관광객이 많아진 것을 증명하는 예라 할 것이다.

또한 여행 14번째 날 텍사스주 엘패소에서 샌안토니오로 가던 고속도로 인근 휴게소 진열대에 우리나라 롯데 컵라면(사발면)이 쌓여있는 것을 발견하고도 흐뭇한 미소를 지었다.

세 번째로 이번 미국 여행 경비가 2019년보다 60% 이상 더 들었다.

4년 전에는 1인당 경비가 602만 원이었으나 이번에는 974만 원으로 372만 원이나 늘었다.

그동안 물가와 환율 인상, 유료 관광지 방문(20곳) 증가 외에도 소비 수준을 높인 것도 증액의 한 요인이었다.

북부여행 시에는 경비를 최대한 절약하고자 하였으나 이번에도 동행한 홍찬국 국장과 김근수 사장이 좀 더 업그레이드한 여행을 하자고 하여 이에 따랐다.

아침 식사를 제공하는 호텔이나 인INN을 주로 예약하였고 점심을 햄버거, 피자 이외에 식당에서 스테이크나 굴, 생선구이 등을 들기도 하고 저녁은 한식당에서 동태찌개, 도가니탕,

짬뽕, L.A.갈비 등을 여러 번 들었다.

미국 국내 물가가 오른 것은 레스토랑에서 웨이터에게 주는 팁에서도 느낄 수 있었다.

전에는 식대의 10%에서 15%를 주었는데 남부 여행에서는 계산서에 주고자 하는 팁을 18%, 20%, 23%, 25% 등으로 제시하고 선택하라고 적혀있어 대개 20%에 표시하였다.

물가가 오르면서도 서비스의 질은 낮아진 것을 확인할 수 있었다.

미국 남부 대부분의 호텔이나 인INN이 방 청소와 수건, 침대 시트 등의 교체를 2일이나 3일에 한 번 하여 같은 장소에서 이틀째 숙박하는 날에는 방에 들어가며 호텔 종업원에게서 수건을 받아와야 했다.

네 번째로 이번 여행은 4년 전보다 여행 중 문제가 더 많이 발생하여 힘들었다.

고속도로 주행 중 차의 연료가 다 떨어져 갓길에 간신히 주차한 후 해결했던 건, L.A. 숙소에 가방을 두고 출발하여 2시간 30여 분 달리다가 L.A. 숙소로 되돌아갔던 건, 공영주차장에 주차료를 선납하지 않아 뒷바퀴에 잠금장치가 채워졌던 건, 고속도로에서 앞 유리에 금이 가서 렌트카 반납 시 직원과 책임 소재를 따졌던 건, 리치먼드시로 들어가는 고속도로에서 극심한 퇴근길 정체로 냉커피 컵에 소변을 보았던 건 등은 당시 무척 난감하였었다.

그래도 어려운 상황들을 잘 해결하거나 극복하고 나니 지금은 미국 남부여행 추억 속의 아름다운 장면들로 자리 잡고 있다.

이번 여행에서 하루의 휴식도 없이 꽉 짜인 일정과 한 침대에서 두 명이 자는 불편함, 팀원들 간의 사소한 잘못이나 갈등(개인행동, 길을 잘못 들어가 돌아 나옴, 여행 방문지의 변경 등)이 있었음에도 유종의 미를 거둘 수 있도록 적극 협조해 준 박석찬 사장, 홍찬국 국장, 김근수 사장 등 여행 팀원분들께 감사의 마음을 전한다.

2023년 12월

남한강가 여주도서관에서

CONTENTS

로스앤젤레스

투손

플래그스태프

듀랭고

샌타페이

엘패소

샌안토니오

뉴올리언스

잭슨빌

마이애미

올랜도

애틀랜타

리치먼드

워싱턴 D.C.

보스턴

뉴욕

여행계획의 수립과 사전 준비

금년 1월 말에 로스앤젤레스에서 출발하여 마이애미를 거쳐 뉴욕까지 한 달간 여행하는 큰 그림을 그렸다.

그후 한 달간 방문할 장소와 이동 거리를 고려하여 숙박할 도시를 정해 나갔다. 대개 하루 동안 다음 도시로 이동, 다음 날 이동한 도시나 주변의 명소 탐방, 그 도시에서 숙박 후 다음 도시로 이동 등과 같이 반복된 일정이었다.

마지막 단계에서 보스턴을 방문하기로 하여 일정이 이틀 늘어나 33일이 되었다. 미국을 한 달씩 두 번이나 여행하며 독립전쟁, 건국과 관련한 유적이 많고 가장 역사가 오랜 도시인 보스턴은 빠트려서는 안 된다고 판단하였다.

이번 여행에 함께 가는 인원은 필자, 4년 전 미국 북부여행을 같이 한 홍찬국 국장, 김근수 사장과 새로 참가한 고향 4년 후배 박석찬 사장 등 4명으로 확정하였다.

주요 이동 경로(숙박지 기준)는 아래와 같다. 동그라미 안 숫자는 숙박 일수이다.

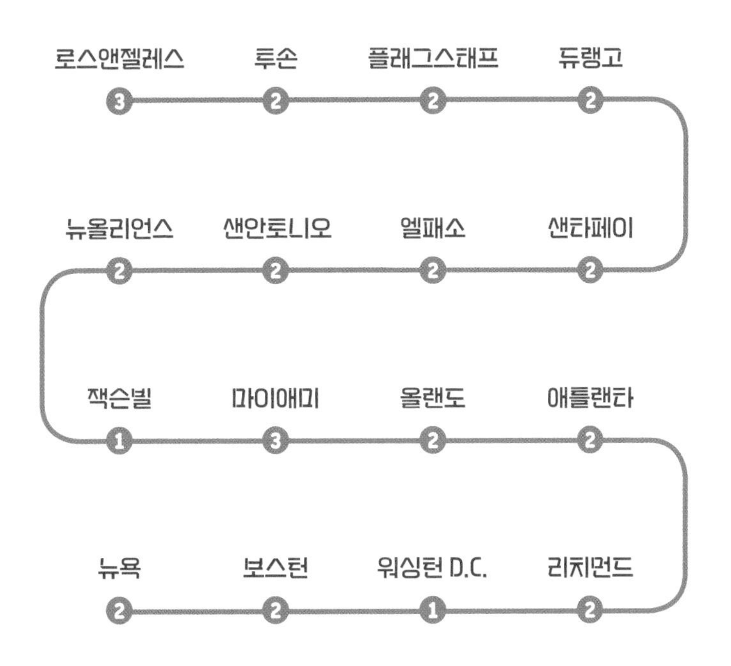

일정을 짠 후 여행을 함께 가는 4명이 협의하여 5월1일 출발하여 6월3일 귀국하기로 여행 일자를 정하였다.

우선 항공권 예매와 렌트카 임차 예약을 하였다. 서울 서소문 KAL 영업소에서 왕복 항공권(184만 원/인)을 예매하고 종로 종각역 인근 알라모 렌트카 한국 총판을 찾아가 33일간 대형 SUV Full-Size, $5,220)를 선정하여 계약하였다.

다음에 숙박할 도시 16곳의 숙소는 네이버 검색창 '부킹닷컴'에서 가격, 방문할 장소와의 거리 등을 고려하여 한 곳을 정해 예약을 하였다. 로스앤젤레스와 뉴욕은 한국 교포가 운영하는 한인텔(한 방에 침대 4개)을 택하였고 나머지 14곳은 더블(퀸) 침대가 2개 있는 금연 객실 1개를 택하였다.

이외에 방문할 명소 중 사전에 예약이 필요한 L.A.다저스 스타디움(98.44$/인), 콜로라도주 듀랭고와 실버톤 간 협궤증기기관차(115.90$/인), 뉴올리언스 재즈 공연장 프리저베이션 홀(59.60$/인), 올랜도의 디즈니 월드 매직 킹덤(169.34$/인), 워싱턴 D.C. 국회의사당 내부(무료), 뉴욕 현대미술관(25.00$/인) 등 6곳은 인터넷 해당 기관(회사) 사이트에 들어가 입장권(승차권)도 예매하였다.

마지막으로 여권(유효기간 확인), 비자 발급, 국제운전면허증 발급, 해외여행자보험 가입 등의 사전 준비를 마쳤다.

미국 남부 횡단 여행 이동 경로
시애틀
워싱턴
포틀랜드
오리건
헬레나
몬태나
노스다코타
비즈마크
보이시
아이다호
셰리든
와이오밍
피어
솔트레이크시티
샤이엔
네브래스카
새크라멘토
네바다
샌프란시스코
유타
덴버
콜로라도
캘리포니아
라스 베이거스
모뉴먼트 밸리
듀랭고
포코너스
캔자스
투바시티
메사버드 국립공원
플래그스태프
캐니언 드셰이
샌타페이
조슈아트리 국립공원
세도나
윈슬로
로스앤젤레스
애리조나
미티어 크레이터
석화림 국립공원
앨버커키
샌디에이고
피닉스
뉴멕시코
사와로 국립공원
화이트샌즈 국립공원
칼스베드동굴 국립공원
투손
툼스톤
엘패소
과달루페산맥 국립공원
텍사스

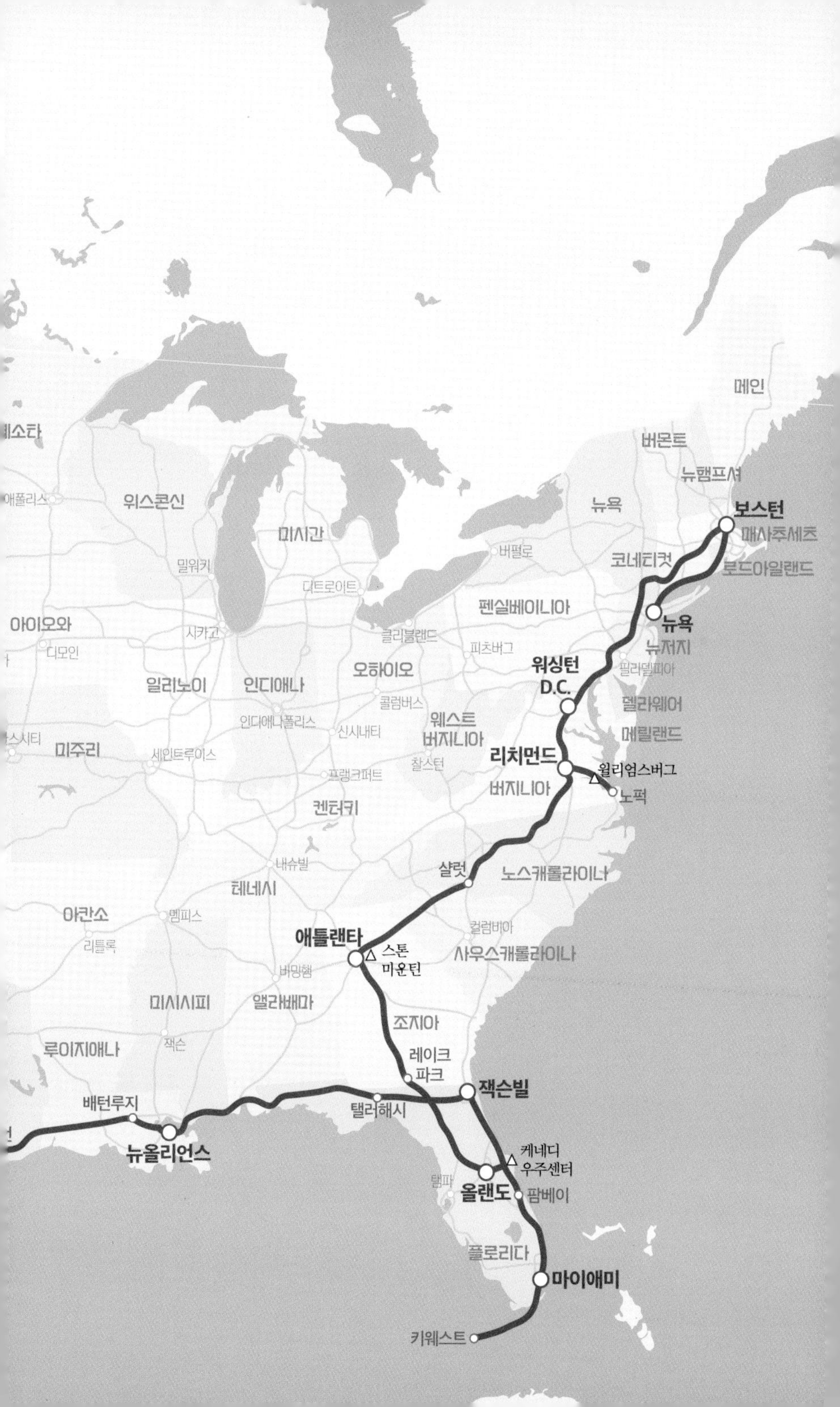
메인
버몬트
뉴햄프셔
뉴욕
보스턴
매사추세츠
버펄로
코네티컷
로드아일랜드
미시간
위스콘신
밀워키
디트로이트
펜실베이니아
뉴욕
아이오와
시카고
클리블랜드
뉴저지
디모인
피츠버그
필라델피아
워싱턴 D.C.
오하이오
일리노이
인디애나
콜럼버스
델라웨어
인디애나폴리스
웨스트 버지니아
신시내티
메릴랜드
미주리
세인트루이스
리치먼드
찰스턴
윌리엄스버그
프랭크퍼트
버지니아
노퍽
켄터키
내슈빌
샬럿
노스캐롤라이나
테네시
아칸소
멤피스
컬럼비아
애틀랜타
스톤 미운틴
사우스캐롤라이나
리틀록
버밍햄
미시시피
앨라배마
조지아
루이지애나
잭슨
레이크 파크
잭슨빌
배턴루지
탤러해시
뉴올리언스
케네디 우주센터
탬파
올랜도
팜베이
플로리다
마이애미
키웨스트

로스앤젤레스

DAY 01

DAY 03

DAY 01

LOS ANGELES

미국 첫날, 할리우드 명예의 거리

4년여 만에 미국을 한 번 더 횡단하기 위해 출발하는 날이었다. 여주에서 출발하는 필자와 홍찬국 국장, 김근수 사장 등이 8시에 모여 공항으로 향하였다. 인천대교를 지나며 탁 트인 바다를 둘러보니 코로나바이러스 감염증-19 족쇄에서 풀려난 해방감을 느낄 수 있었다.

서울에서 온 박석찬 사장과 인천공항 제2터미널 3층에서 만나 커피를 든 후 출국수속을 밟았다.

전에는 대한항공 카운터에서 항공권 예약 사본과 여권을 제시하면 탑승권을 받았는데 이번에는 카운터 앞쪽에 설치되어 있는 키오스크(무인 정보 단말기)에 승객들이 각자 관련 정보를 입력하여 탑승권을 출력하여야 했다.

항공권 예약번호, 성명, 미국 내 거주 주소 등을 입력하는데 서투르고 오타가 몇 번 나서 대한항공 직원의 도움을 받았다.

앞으로 일상생활에서 상품, 서비스를 예약하거나 주문하며 키오스크, 핸드폰 등을 많이 사용하여야 하는데 이에 빨리 적응해야겠다는 생각이 들었다.

10시간 30여 분을 비행한 후 아침 9시경에 로스앤젤레스 공항에 도착하였다. 오늘 여행 첫날부터 렌터카 임차, 김경욱 선수와 점심, 할리우드 명예의 거리 방문, 박내연 친구 집 저녁 등 일정이 빠듯하였다.

우선 공항 근처 알라모 렌터카 사무소를 찾아갔다.

한국에서 예약한 풀사이즈Full-size SUV인 흰색 지프 왜고니어Jeep Wagoneer를 인수하였다. 그런데 인수하기 전 차체를 둘러보던 박석찬 사장이 조수석 뒷문 후면에 노란색 두 줄로 긁힌 자국을 발견하였다. 렌터카 반납 시 문제가 될 수 있어 계약서에 "Pre-existence damage(현 상태 이전의 손상)"란 두 단어를 적어넣었다.

한 달 후 뉴욕 존 에프 케네디 공항에서 렌터카를 반납할 때 계약서에 기재해놓은 이 두 단어가 렌트카 다른 부분 손상의

↑ L.A. 숙소 앞에서 김경욱 선수와 여행 팀원(왼쪽부터 김근수 사장, 김 선수, 필자, 박석찬 사장, 홍찬국 국장)

책임 여부를 따지는 데도 큰 도움이 되었다.

핸드폰 구글 맵에 숙소 주소를 입력한 후 렌터카를 몰아 공항을 빠져나갔다. 숙소 앞에 도착하니 김경욱 선수 부부가 먼저 와서 기다리고 있었다. 김경욱 선수는 여주시 신진동 출신으로 1996년 미국 애틀랜타 올림픽 양궁 종목에 출전하여 금메달 2개를 따낸 명궁이다.

필자가 2022년 발간한 "550년 여주 두 번째 이야기"에서 여주 관련 근대 인물 23명 중 세 번째로 소개하였었다.

로스앤젤레스에 살고 있는 김 선수에게 책 2권을 소포로 보내주었었는데 이번 여행 시 점심을 하기로 약속했었다.

코리아타운 내 한식당으로 가서 점심을 들며 담소를 나누었다. 김 선수는 로스앤젤레스 오렌지 카운티의 학생들에게 양궁을 지도하고 있다고 하였다.

점심 후 할리우드로 가서 가까스로 주차장을 찾아 주차하고 나서 시간을 보니 오후 3시 50분 이었다.

미국 영화의 본고장인 할리우드는 유명 인사의 이름을 새겨놓은 명예의 거리, 아카데미 시상식이 개최되는 돌비극장, 커다란 흰색 "HOLLYWOOD" 사인 아래 레이크 할리우드 공원, 왁스 박물관, 멜로즈 거리 등 명소가 많다.

그러나 저녁 식사에 초대받은 박내연 친구 집에 가는 시간을 고려하면 서둘러야 해서 명예의 거리만 걷기로 하였다.

명예의 거리Walk of Fame는 2,700여 명 유명 인사들의 이름을 5각형 별 모양 동판에 새겨놓은 약 5km의 할리우드대로(15개

할리우드 명예의 거리

블록)와 바인스트리트(3개 블록) 인도를 일컫는다.

↑ 할리우드 명예의 거리에 새겨진 엘리자베스 테일러 동판

명예의 거리를 걸으며 엘리자베스 테일러, 매릴린 먼로, 알프레드 히치콕 등 세계적인 톱스타의 이름을 발견하는 것도 큰 재미가 있었다. 이곳에 한국계 미국 배우인 필립 안Philip Ahn(독립운동가 안창호 선생의 장남)의 이름이 새겨져 있다고 하는데 보지는 못하였다.

20여 분을 걸어가니 길 건너편에 차이니스 극장이 보였다.

차이니스 극장Chinese Theatre은 1927년에 지어진 중국식 사원 양식의 건축물로 신작 영화의 개봉관으로 유명하다.

이보다도 더 유명한 것은 극장 바로 앞에 200여 명의 할리우드 유명 인사들의 핸드 프린트(손바닥), 풋 프린트(발바닥) 등이 바닥에 새겨져 있는 것이다.

관광객들이 좋아하는 영화배우나 감독 등 톱스타의 핸드 프린트, 사인 등을 보고 사진을 찍느라 여기저기에 모여있었다.

차이니스 극장 왼편 모서리 바닥에 새겨져 있는 한국 배우 안성기와 이병헌의 핸드 프린트(손도장)를 보았을 때는 흐뭇하

↑ 할리우드 차이니스 극장(가운데 초록색 지붕, 주황색 기둥 건물)

고 자랑스러웠다.

할리우드 대로를 건너 카페에서 냉커피를 한잔씩 들고 오던 길로 되돌아갔다. 친구 집이 있는 할리우드 남동쪽 풀러톤Fullerton으로 가기 위하여 10번 고속도로에 진입하였으나 퇴근

↑ 차이니스 극장 앞 한국 배우 안성기와 이병헌의 손바닥, 발바닥 등이 새겨져 있는 석판

시간대라서 정체가 심하였다.

주택가 박내연 친구 집에 들어서니 그와 여주에서 형 집에 와 있던 동생 박내화가 대형 바비큐 그릴에 소고기, 소시지 등을 굽고 있었다. 친구 부부를 작년 11월 여주에서 만났었는데 6개월 만에 다시 얼굴을 보니 무척 반가웠다.

이야기를 나누다가 부엌으로 가니 친구 부인과 제수께서 L.A.갈비, 모듬회, 야채전, 동치미 잔치국수 등 음식을 한 상 가득 차리고 있었다.

↑ 저녁 식사를 준비 중인 박내연 친구(오른쪽)와 박내화 동생

8명이 식탁에 둘러앉아 정성이 듬뿍 담긴 요리를 들며 이야기와 웃음꽃을 피웠다. 즐거운 식사를 하고 나서 내년에 다시 만나기를 기약하며 아쉬운 작별 인사를 나누었다.

DAY 02

LOS ANGELES

샌타모니카 해변, 그리고 LA다저스 경기 관람

로스앤젤레스에서의 둘째 날은 오전에 인근 리버사이드시의 도산 안창호 공원, 오후에 샌타모니카 해변을 보고 저녁때에는 LA다저스 스타디움에서 경기를 관람하는 일정이었다.

어제 저녁 식사를 박내연 친구 집에서 뷔페식으로 배불리 먹어 아침 식사는 한식당에서 콩나물국밥, 해장국 등으로 간단히 들고 리버사이드시로 떠났다.

리버사이드시Riverside City는 로스앤젤레스 동쪽 80km에 있는 마을로 미국 최초의 한인촌Koreatown인 파차파 캠프Pachappa Camp가 세워진 곳이다.

도산 안창호(1878-1938년) 선생이 1904년 말 리버사이드시에 한국인 노동자 10여 가족(50여 명), 판잣집 17채를 기반으로 파차파 캠프를 세웠다.

이곳 가족 중심 공동체 구성원들은 낮에 농장에서 오렌지를 따서 돈을 벌고 밤에는 영어를 배웠다고 한다.

또한 이들은 일요일에 교회에 모여 주일예배를 가졌으며 독립운동 자금을 모금하여 상해 대한민국 임시정부 수립의 종잣돈으로 쓰도록 전달하였다고 한다.

2001년 현지 동포들이 리버사이드 주 정부 사무소 앞에 양복을 입은 정장 차림의 안창호 선생 기념 동상을 건립하였다.

2016년 말에는 리버사이드시 정부가 파차파 캠프가 세워졌던 곳(1,532 Pachappa Ave.)에 건물이나 유물들이 보존되어 있지는 않으나 역사성을 인정하여 이곳을 리버사이드 문화 관심지 1호City Point of Cultural Interest #1 로 지정하였다.

24세 젊은 나이에 미국으로 건너와 2년 후 파차파 캠프를 세워 교포들의 생활 향상을 도운 이래 일생을 조국의 독립과 민족의 계몽을 위해 헌신한 안창호 선생 동상 앞에 한참 동안 고개를 숙였다.

동상 주변에는 가방을 메고 작업복 차림으로 오렌지를 따는 모습, 한인들과 함께 교회에서 기도하는 모습, 한인 학교에서 작은 책상에 앉아 공부하는 모습 등 안창호 선생의 이곳에서의

↑ 리버사이드시에 세워져 있는 도산 안창호 선생 동상

생활상을 그려 넣은 6개의 부조도 조성해 놓았는데 찬찬히 살펴보았다.

안창호 선생 동상 뒤편에 인도 마하트마 간디Mahatma Gandhi의 동상도 있어 둘러보았는데 비폭력 불복종운동으로 세계적인 명성을 떨치는 간디와 함께 안창호 선생의 동상이 리버사이드 중심지에 자리하고 있는 것이 무척 자랑스러웠다.

간디 동상을 보고 나서 길 건너편에 있는 미션 인 호텔The

Mission Inn Hotel로 갔다.

미션 인 호텔은 1876년 스페인풍의 화려한 건축 양식으로 지어졌는데 유럽의 작은 고성처럼 아름다웠다.

이 호텔은 10여 명의 미국 대통령이 방문하였었는데, 특히 리차드 닉슨 대통령 부부가 이곳에서 결혼식을 올렸고 로널드 레이건 대통령 부부는 신혼여행을 즐겼던 곳으로 유명하다.

호텔 1층에는 입구 오른쪽 벽에 이곳을 방문한 미국 대통령들의 사진이 걸려있고 앞에 큰 의자가 하나 놓여 있었다.

이 의자에는 미국 제27대 대통령 윌리엄 하워드 태프트 William Howard Taft(재임기간: 1909.3~1913.3)가 사용하였다고 적혀 있었다.

태프트는 1905년 미국 육군 장관으로 일본 총리 가쓰라 다로桂 太郎(제11, 13, 15대 총리)와 도쿄에서 가쓰라-태프트 밀약을 맺어 일본의 조선에 대한 지배권, 미국의 필리핀에 대한 지배권을 상호 인정한 당사자이었다.

↑ 태프트 대통령이 국빈 만찬 시 사용했던 의자

그가 체결한 밀약으로 일본이 세계 여러 나라의 승인

↑ 리버사이드시의 미션 인 호텔

아래 조선의 식민지화를 노골적으로 추진하는 직접적인 계기가 되었다고 생각하니 그 의자를 바라보는 필자의 마음이 편치 않았다.

리버사이드시를 떠나 10번 고속도로를 타고 다음 목적지 샌타모니카 해변으로 향하였다.

태평양이 앞에 시원하게 펼쳐진 샌타모니카 부두Santa Monica Pier 옆에 주차하고 부두 위로 올라갔다.

이 부두는 바다 쪽으로 나무 기둥을 박고 그 위에 판자를 오백여 미터를 깔아 만든 부두로 카페, 레스토랑, 기념품 가게, 노점상 등이 줄지어 들어서 있었다.

바다 쪽으로 조금 걸어가니 회전식 관람차, 회전목마, 롤러코스터 등 놀이기구 시설을 갖춘 퍼시픽 파크Pacific Park 입구였는데 관광객들이 야외식탁에서 식사, 음료를 들고 있었다.

우리도 이곳에서 햄버거와 콜라로 점심을 간단히 하였다.

야외식탁 주변에 있는 갈매기들은 손님들이 던져주는 빵조

↑ 샌타모니카 해변과 퍼시픽 파크

각을 받아먹고 있었는데 한 갈매기가 아이가 들고 있는 빵을 채가자 아이는 손을 흔들며 울음을 터트리기도 하였다.

점심 후 부두 끝까지 다녀오며 태평양의 수평선과 바람에 하얗게 파도가 일고 있는 양쪽 해변을 감상하고 사진을 찍었다.

이 해변에 여름이면 비치 파라솔과 수영복 입은 인파로 가득할 텐데 아직 바닷물이 찬 5월 초라서 한산하였다.

부두 입구 쪽에 나오니 66번 국도Route 66의 종점임을 알리는 표지판이 설치되어 있었다.

66번 국도는 필자가 작년 8월에 발간한 "미국 한 달 여행"에서 그랜드 캐니언으로 가며 짧게 소개하였었는데 시카고에서 로스앤젤레스까지 3,940km의 미국 최초 대륙 횡단 도로이었다.

이 도로는 1848년 캘리포니아에서 금이 발견되면서 일확천금의 꿈을 꾸며 개척민들이 서부로 몰려왔던 길이었고 대공황으로 어려웠던 시기인 1930년대에는 실직한 노동자, 가난한 농민 등이 일자리를 찾아 서부로 이동하였던 길이었다고 한다.

아메리칸 드림American Dream을 쫓아 66번 국도로 이 해변까지 왔던 이주민들은 기독교의 성녀 모니카Monica의 축복을 받았을 것이란 생각이 들었다.

↑ 샌타모니카 부두에 있는 66번 국도의 종점 표지판

오늘 마지막 일정은 LA다저스 스타디움Dodger Stadium에서 오후 7시부터 야구 경기를 관전하는 것이었다.

↑ 그리피스천문대

그러나 경기 시작 전까지는 시간이 많이 남아 야구장에서 가까운 거리에 있는 그리피스천문대Griffith Observatory에 가기로 하였다.

이 천문대는 약 350m 높이로 로스앤젤레스 시내를 가까이서 조망할 수 있고 아름다운 일몰과 야경을 볼 수 있는 장소로 알려져 있다.

또한 이곳은 제임스 딘James Dean이 주연한 "이유 없는 반항Rebel Without a Cause"의 촬영지이고 2016년 개봉한 뮤지컬 영화 "라라랜드La La Land"에서 남녀 주인공이 함께 춤을 춘 장소로 유명해져 팬fan들이 찾아가는 명소가 되었다.

천문대로 올라가는 차량 행렬을 따라 천문대 앞까지 갔다가 내려와 다시 올라갔으나 주차 여유 공간이 없었다. 할 수 없이 갓길 유료주차장 옆 주차장이 아닌 좁은 공간에 차를 대놓았다. 그리피스천문대 내부에는 우주, 태양계 행성, 망원경 등에 대해 전시하고 있다고 하는데 주차위반 단속이 염려되어 야외에서 사진만 찍고 급히 내려왔다.

천문대 부근과 할리우드 사인이 보이는 서쪽은 날씨가 맑았으나 로스앤젤레스 시내 쪽은 구름이 끼어 흐렸다.

LA다저스 스타디움에 도착한 후 경기장 내 식당에서 훈제갈비, 맥주, 햄버거, 커피 등으로 저녁을 배부르게 들었다.

다저스 스타디움은 5만 6천 명을 수용할 수 있는 규모로 좌석 수 기준으로는 세계에서 가장 큰 야구 경기장이다.

우리나라의 박찬호 선수가 1994년부터 2001년까지와 2008년, 그리고 류현진 선수가 2012년부터 2019년까지 이곳에서 투수로 활동하여 한국 야구팬들에게는 친근한 경기장이다. 금년 8월 9일에는 마산 용마고등학교의 장현석 선수가 LA다저스와 계약을 하였다고 보도되었는데 앞으로 장현석 투수를 응원하기 위해 많은 한국 야구팬이 이 구장을 찾아올 것으로 생각되었다.

야구장의 우리 팀 좌석이 우익수 쪽 중간(146 LG 섹션, K 열, 1-4 번)으로 찾아가 앉았으나 경기 시작 30여 분 전이라 1층 출입구에 있는 전시 공간을 보러 혼자 내려갔다.

그곳에서 139년 LA다저스 역사상 주요 사진 장면, 우승 트로피, 영구결번 선수들의 용품(모자, 티셔츠, 야구공, 배트) 등을 10여 분 구경하고 올라왔다.

오후 7시 조금 넘어 LA다저스와 필라델피아 필리스Philadelphia Phillies의 경기가 시작되어 LA다저스팀이 1회에 1점, 2회에 2점

↓ LA다저스 스타디움

등 점수를 내어 재미있게 경기가 진행되었다.

그러나 해가 지고 나니 바람이 불고 추워서 바람이 적게 부는 위쪽 복도로 올라가 서서 구경하였다. 팀원들에게 따듯한 커피를 들게 하려고 아래층으로 내려갔으나 찬 콜라나 냉커피를 파는 매점들만 있어 여기저기 찾아다니다가 간신히 한 곳에서 따듯한 커피를 살 수 있었다. 경기장이 워낙 커서 좌석으로 돌아오는 데에도 시간이 걸렸다. 그러나 이번 여행에서 LA다저스팀의 야구 경기를 꼭 봐야 한다고 입장권을 예매했던 홍찬국 국장은 감기 기운이 있어 찬바람 추위를 피해 차에 가서 쉬고 있었다. 두 팀의 경기는 LA다저스가 7, 8회에 9점의 대량득점을 하여 13:1로 승리하였다.

로스앤젤레스에서 마지막 날인 내일, 이 도시에서 제일 유명한 곳인 디즈니랜드Disneyland에 가자는 의견도 있었으나 5월 23일 플로리다 올랜도에 있는 디즈니 월드Disney World를 갈 계획이라서 일정에 추가하지 않았다.

DAY 03

LOS ANGELES

헌팅턴 도서관과 게티 센터

로스앤젤레스에서 셋째 날로 오전에 헌팅턴 도서관에 가고 오후에는 본격적인 장기간 여행을 위해 쇼핑을 하기로 하였다.

핸드폰 구글 맵에 '헌팅턴 도서관'을 입력하고 차를 달려 찾아가니 10시 30분경이었다.

그러나 건물 문 앞에 "CLOSED(폐쇄)"란 표지판이 걸려있고 12시부터 오후 8시까지 오픈한다고 적혀있었다. 1시간 30분을 기다릴 수 없어 게티 센터에 다녀오기로 하였다.

게티 센터로 가는 길에 차에 기름을 넣으려 주유소에 진입하다가 먼저 와 있던 소형 화물차와 부딪혔다.

조수석 옆 백미러가 파손되어 바로 차에서 내려 상대방 운전자에게 사과하고 수선비로 150불을 건네겠다고 하니 O.K.하

↑ 게티 미술관 입구

여 잘 마무리하였다.

게티 센터는 석유 재벌인 장 폴 게티J. Paul Getty(1892-1976년)가 수집한 미술품을 소장, 전시하는 박물관으로 1997년에 개관하였다.

이 건물은 브렌트우드Brentwood 위쪽 언덕 위 3만 평 부지에 7억 3,300만 불(한화 약 8,700억원)을 들여 이탈리아 티볼리 지방에서 수입한 토라비틴Toravertine(화강암과 대리석의 중간 석재)으로 14년에 걸쳐 지었다고 한다.

주차장에 차를 세우고 매표소로 갔으나 입장료가 무료이었다. 트램tram을 타고 올라가니 우아하고 빛나는 흰색 건물과 청동 조각상을 가운데 설치한 계단이 눈에 들어왔다.

본관 건물을 지나 노천카페에서 커피를 한잔 씩 들고 전시관 2층부터 관람을 시작하였다.

이곳에서 빈센트 반 고흐의 "아이리스Irises(창포 붓꽃)", 렘브란트 반 레인의 "웃는 자화상Rembrandt Laughing", 에두아르 마네의 "봄-잔 드마르시Spring-Jeanne Demarsy", 폴 세잔의 "사과가 있는 정물Still Life with Apples", 조지프 말로드 윌리엄 터너의 "현대 로마-캄포 바치노Modern Rome-Campo Vaccino" 등의 명화를 감상하였다.

이 중에서 가장 유명한 작품은 반 고흐가 1889년 아를에 있는 생레미 요양원에 입원하여 정원에 핀 붓꽃과 금잔화를 그린 "아이리스irises"이다.

1987년 앨런 본드라는 사람이 이 그림을 소더비 뉴욕에서 5,390만 불(한화 약 640억 원)을 내고 샀는데 당시 경매에서 가장 비싸게 팔린 작품이라고 한다.

3년 후인 1990년 폴 게티 미술관이 경매에 다시 나온 "아이리스"를 사들여 소장하게 되었다고 한다.

날씨가 좋아 게티 센터에서 로스앤젤레스 시내를 내려다보

↑ 빈센트 반 고흐, “아이리스”, 1889(캔버스에 유채, L.A. 폴 게티 박물관 소장)

는 전망도 일품이었다.

관람할 곳은 많았으나 배가 고프고 헌팅턴 도서관에도 들려야 되어 오후 2시가 넘어 야외 조각들을 주마간산으로 구경하며 트램 정류장으로 내려왔다.

점심으로 간단히 햄버거와 콜라를 든 후 헌팅턴 도서관으로 가서 좁은 공간과 낮은 서가에 책들이 꽂혀있는 것을 보니 이

↑ 게티 센터에서 본 로스앤젤레스 시내 전경

상한 예감이 들었다.

직원에게 물었더니 우리가 찾아가고자 하는 "헌팅턴 도서관"은 그곳에서 10여km 북동쪽에 있다고 하며 "이곳은 로스앤젤레스 카운티 내의 헌팅턴 파크Huntington Park란 소도시에 있는 도서관입니다."라고 친절히 설명해 주었다.

핸드폰 구글 맵에 "헌팅턴 도서관"으로 입력하여야 하는데 "헌팅턴 파크 도서관"으로 잘못 입력하여 그때까지 한 노력은 허사가 되고 말았다.

부리나케 헌팅턴 도서관으로 차를 몰았다.

헌팅턴 도서관의 정확한 명칭은 "헌팅턴 도서관, 미술관과 식물원The Huntington Library, Art Museum, and Botanical Gardens"이다. 이곳은 철도와 부동산 재벌이었던 헨리 E. 헌팅턴Henry E. Huntington(1850-1927년) 부부가 소장하고 있던 도서와 미술품을 공개하기 위해 1919년 25만 평 부지 위에 설립한 도서관, 미술관이다. 도서관에는 제프리 초서의 "캔터베리 이야기The Canterbury Tales" 원고, 구텐베르크 성서Gutenberg Bible, 미국 초대 대통령 조지 워싱턴George Washington의 친필 편지 등 희귀 문서와 도서, 사진, 일반문서 등 약 400만 점이 소장되어 있다고 한다. 그리고 미술관에는 전시품 중 가장 유명한 "푸른 옷을 입은 소년The Blue Boy"을 비롯한 유럽, 미국의 작품만도 3,200여 점을 소장하고 있고 약 15만 평에 달하는 식물원에는 장미 정원, 사막 정원, 일본 정원, 중국 정원 등 15개 테마로 나누어 각각 특색있게 조성해 놓았다고 한다.

필자가 헌팅턴 도서관을 방문하고자 하였던 것은 "블루 보이The Blue Boy" 조상화와 이 초상화와 마주 보게 걸려있는 "핑키: 사라 물튼의 초상Pinkie: Sarah Barrett Moulton" 등 두 작품을 보기 위해서였다. 몇 년 전 "죽기 전에 꼭 봐야 할 명화 1001(스티븐 파딩 책임 편집)" 책자에서 두 작품을 보고 그 아름다움에 감

↑ 토마스 게인즈버러, "블루 보이", 1770 (캔버스에 유채, L.A. 헌팅턴 도서관 소장)

탄했었다.

"블루 보이"는 토마스 게인즈버러가 1770년에 우아한 복장에 당당한 포즈를 취하고 있는 소년을 그린 작품인데 헌팅턴이 1921년 이 그림을 당시 그림 매매 최고 가격인 72만 8천 불에 사들였다고 한다.

↑ 토마스 로렌스, "핑키: 사라 물튼의 초상", 1794(캔버스에 유채, L.A. 헌팅턴 도서관 소장)

핑키Pinkie는 영국 식민지 자메이카에서 런던에 유학 간 11살의 사라를 토마스 로렌스가 1794년에 그린 초상화인데 하늘을 배경으로 서있는 그녀의 모자 리본과 지마가 바람에 날려 하늘에서 내려온 현대판 선녀 같아 보였었다.

영국의 두 초상화 대가가 그린 "블루 보이"와 "핑키"는 서로 본 적이 없는 커플이지만 이상적이고 아름다운 소년, 소녀의 모습을 보여주고 있어 관람객들에게 사랑을 받고 있다는 생각이 들었었다.

헌팅턴 도서관에 4시 20분경 도착하였으나 입장이 마감되어 입구 왼편에 있는 기념품점에서 "블루 보이"와 "핑키" 그림엽서를 사고 돌아섰다.

처음 찾아가는 곳을 운전할 때는 내비게이션에 목적지나 주소를 정확히 입력하고 떠나야 한다는 교훈이 절실하게 와닿는 하루였다.

숙소로 돌아가는 길에 코리아타운 내 한식당에서 김치찌개, 동태찌개 등으로 저녁을 들고 인근 한남체인 마켓에서 아이스박스, 농심 신 사발면, 오리온 초코파이 등을 구매하였다.

숙소에서 주인아저씨, 한국에서 L.A. 여행을 온 직장여성 두 명, 우리 팀원 등과 이야기를 나누었는데 필자가 30여 년 전 미국 한 달간 그레이하운드 버스 여행과 2019년 미국 횡단 여행의 경험담을 들려줄 때는 다른 참석자들이 아주 좋아했다.

투손

DAY 04 DAY 05

DAY 04

TUCSON

L.A.를 떠나 애리조나 투손으로

본격적인 여행이 시작되는 날로 로스앤젤레스를 떠나 조슈아 트리 국립공원를 거쳐 애리조나주 투손까지 780여km를 가는 일정이었다.

숙소를 떠나려고 하는데 소나기가 내려 큰 길가에는 빗물이 작은 개울같이 흘렀다.

L.A.는 일반적으로 5월에 비가 적게 오는 건조한 날씨인데 요즈음은 이상기후로 비가 가끔 내린다고 하며 주인아저씨는 물건들을 집안으로 들여놓느라 바빴다.

우산을 씌워준 숙소 주인에게 작별 인사를 하고 한식당으로 가서 아침을 도가니탕으로 든든하게 들었다.

7시 40분에 고속도로로 올라갔으나 출근 시간대라서 정체

↑ 5월 4일 L.A. 숙소 앞 큰 길가에 흐르는 빗물

가 심하고 간헐적으로 소나기와 보슬비도 내렸다.

2시간 30분여를 달려 조슈아 트리 국립공원 입구에 도착하였다.

조슈아 트리 국립공원Joshua Tree National Park은 1936년 국가 기념물National Monument로 지정되었고 1994년에 국립공원으로 격상되었다. 모르몬교 신도들이 구약성경에 나오는 여호수아가 두 팔을 벌려 기도하고 있는 것 같다고 하여 이름을 여호수아의 미국식 이름 조슈아라고 붙였다고 한다.

공원 입구에서 필자의 작은 가방이 차 안에 없는 것을 알게

↑ 도로 옆 마을에 있는 조슈아 트리

되었다. L.A. 숙소 주인에게 전화를 거니 가방이 그곳에 있다고 하였다. 숙소 여주인과 대화를 나누다가 주인아저씨가 우산을 차 있는 곳까지 씌워준다고 하여 따라나서며 가방을 거실문 옆에 두고 온 것이 생각났다.

지금까지 온 길을 되돌아가야 하는 난감한 상황이었으나 가방 안에 여권이 있어 숙소로 가야만 하였다.

12시 50분경 숙소에서 가방을 찾은 후 다시 3시간여 운전을 더 하였으나 피곤이 몰려와 인디오Indio 마을 휴게소에서 핸들을 박석찬 사장에게 인계하였다.

투손 숙소에 도착하니 오후 11시 경이었는데 길 위에서 5시간여를 허비하고 15시간 넘게 운전한 힘든 하루였다.

DAY 05

TUCSON

OK 목장의 결투지 툼스톤과 사와로 국립공원

아침에 일어나 식당에 갔더니 식빵, 콘플레이크cornflake, 와플waffle, 커피, 주스 등이 준비되어 있고 계란, 소시지, 과일 등은 보이지 않았다.

코로나바이러스 감염증-19 영향으로 손님이 줄어들고 물가가 오른 때문이라 생각하며 와플 굽는 기계의 손잡이를 돌렸다.

오전에 OK 목장의 결투지로 유명한 툼스톤을 방문하고 오후에 사와로 국립공원, 올드 투손, 애리조나-소노라 사막 박물관을 찾아가는 일정이었다.

이곳 투손Tucson은 현대자동차의 2004년 시판 SUV인 "현대 투싼"으로 인해 우리에게 낯익은 도시이고 툼스톤Tombstone은 투손에서 60여km 남동쪽에 있는 작은 마을이다. 툼스톤이란 지명은 금광을 찾아 나선 사람들이 묘비tombstone만 남긴다는 데서 유래되었다고 한다.

툼스톤 근처 OK 목장에서 1881년 10월 26일 오후 3시경에 와이어트 어프Wyatt Earp 보안관 형제와 총잡이 닥 홀리데이는 빌리 클랜튼Billy Clanton 갱단 5명과 미국 서부 개척시대 가장 유명한 총격전을 벌였다. 이 총격전은 "OK 목장의 결투Gunfight at the OK Corral"란 영화로 제작되어 한국에도 1958년에 개봉되었는데 필자는 이 영화를 EBS "세계의 명화"에서 몇 번 시청하였었다.

툼스톤에 도착하여 11시에 시작하는 "총격전 쇼Gunfight Show" 공연 입장권을 사고 나서 1시간 정도 시간이 남아 시내 구경을 하였다. 애리조나 서부 개척 시대의 모습을 간직하고 있어 역사 지구Historic Site로 지정된 툼스톤 거리는 한산하였고 관광객을 태운 마차가 가끔 지나갔다. 큰길 양쪽에는 기념품점, 식당, 호텔, 술집 등이 줄지어 있었는데 한 기념품점에 들어간 팀원들은 카우보이모자, 보안관배지 등을 샀다.

총격전 쇼 공연은 70에서 80명이 입장하였는데 출연자들의 리얼하고 열성적인 연기는 관객들이 시선을 떼지 못하게 하였

↑ "OK 목장의 결투" 총격전 쇼의 한 장면

다. 총을 맞고 쓰러진 출연자가 먼지 이는 흙바닥에 한참을 그대로 있는 연기는 인상적이었다. 짧은 공연이 끝나자 관객들은 일어나 출연자들에게 열렬한 박수를 보냈다.

공연을 보고 나서 OK 목장 결투에서 죽은 3명(빌리 클랜튼, 프랭크 맥로리, 톰 맥로리)이 묻혀있는 부트힐Boothill 공동묘지를 찾아갔다. 이곳은 마을 공동묘지라서 일반인들의 무덤도 많았는데 관광 명소로 개발하여 1인당 $3의 입장료를 받고 있었다. 총격전에서 죽은 3명의 무덤은 돌을 쌓아 나란히 한 장소에 조성되어 있었다.

툼스톤을 뒤로하고 다음 방문지 사와로 국립공원으로 향하였다. 가는 도중 10번 고속도로 인근 마을 식당에서 점심으로 뉴욕 스테이크를 들었는데 고기가 연하고 육즙도 적당하여 맛있었다.

사와로 국립공원Saguaro National Park은 투손의 동쪽과 서쪽 두 구역으로 나뉘어 있다. 이 공원의 상징인 사와로 선인장은 미국에서 애리조나 남쪽 소노라 사막에서만 자생하고 15m까지 자라며 200년까지 살 수 있다고 한다.

↓ OK 목장 결투에서 죽는 3인의 부트힐 공동묘지 무덤

↑ 사와로 국립공원

국립공원 입구 요금소에서 입장권을 구입하였다.

차 한 대당 $25의 요금인데 앞으로 3개의 국립공원을 더 방문할 계획이라 일 년간 사용할 수 있는 연간 입장권Annual Pass을 샀다.

공원 내로 들어가니 팔처럼 기다랗게 뻗은 사와로 선인장이 산과 계곡에 가득하였다.

도로 옆에 차를 세우고 사진을 찍으러 선인장 사이 비탈을 오르다 보니 선인장 가시가 옷, 운동화 뿐만 아니라 팔, 다리에도 박혔는데 가시 끝에 갈고리 같은 것이 있어 잘 뽑히지 않고 몹시 따가웠다.

순환도로를 돌며 여러 종류, 형태의 선인장들을 구경하였는데 키가 큰 사와로 선인장 몸통에는 새들이 구멍을 뚫어 집을 지어 놓은 것을 여럿 보았다.

공원을 나와 올드 투손으로 가며 앞차를 보니 뒷번호판 배경에 사와로 선인장과 산 모습이 보라색으로 그려져 있었다.

사와로 선인장은 미국 애리조나주를 상징하는 명물 중의 하나로 자리매김하고 있었다.

올드 투손Old Tucson은 1939년 콜롬비아 픽처스 영화사가 서부극 "애리조나Arizona"를 찍기 위해 투손의 1860년대 모습을

← 사와로 선인장 몸통에 지어 놓은 새집들

↓ 애리조나주 승용차의 번호판

재현해 놓은 세트장인데 50여 개의 건물 이외에도 서던 퍼시픽 철도의 기차, 역마차 등을 볼 수 있다.

이곳은 코로나바이러스 감염증-19의 확산으로 2020년 9월 임시 휴장할 때까지 400편 이상의 장편 영화와 T.V. 드라마가 촬영되었고 1960년부터 테마파크로 일반에게 공개되었는데 카우보이들의 총싸움, 무희들의 캉캉 춤, 사와로 선인장 트레일 승마 체험 등은 관광객들에게 큰 인기를 끌고 있다고 한다. 올드 투손 입구에 오후 4시 20분경 도착하였는데

↑ 올드 투손의 서던 퍼시픽 철도 역사

"CLOSED(폐쇄)" 팻말이 걸려있어 옆에 있던 관리인에게 10분간 사진 몇 장만 찍고 나오겠다고 사정하니 입장을 허락해 주었다. 급히 들어가 세트장 광장까지 왕복하며 기차역, 광장 등을 카메라에 담았다.

올드 투손에서 차로 5분 거리에 있는 애리조나 소노라-사막 박물관Arizona-Sonora Desert Museum으로 갔다. 이 박물관에는 사막에 사는 300여 종의 동물, 1,200여 종의 식물이 있다고 한다. 동물원은 쇠창살 대신 자연석으로 분리된 칸막이 안에 퓨마,

멕시코 여우, 뿔 산양 등을 살도록 하여 미국 동물원 중에서 가장 먼저 자연주의를 실천한 곳이라고 한다.

박물관에 도착하니 오후 4시 45분인데 예상한 대로 입장이 마감되었으나 관리인에게 "친구가 이 박물관을 소개하고 추천해서 왔는데 내일 아침에는 세도나로 가야 합니다. 10분 정도 앞의 야외 정원을 보고 싶습니다."라고 간곡히 부탁하니 입장시켜 주었다. 선인장 정원Cactus Garden을 짧은 코스로 돌며 오르간 파이프 선인장, 솔방울 선인장, 테디 베어 선인장 등 여러

↓ 애리조나-소노라 사막 박물관의 선인장. 왼쪽은 오르간 파이프 선인장, 오른쪽은 사와로 선인장으로 위에는 꽃이 피고 새도 앉아 있다.

종류의 선인장들을 구경하고 5시 전에 나왔다.

4시 20분부터 40여 분간 올드 투손, 애리조나-소노라 사막 박물관 등 2곳을 입구 부근만 10분씩 둘러본 정신없이 바쁜 오후이었다.

플래그스태프

DAY 06

DAY 06

FLAGSTAFF

지구에서 가장 기가 센 지역, 세도나

투손을 떠나 아메리카 인디언들이 성지로 여겼고 지구에서 가장 기氣가 세다고 하는 붉은 사암의 도시 세도나Sedona로 향하였다.

자연 발생하는 지구의 전자기 에너지(기, 기운)가 나오는 곳을 볼텍스 스폿Vortex Spot이라고 하는데 지구상에는 버뮤다 삼각지, 영국의 스톤헨지, 이집트의 피라미드 등 21곳이 있으며 세도나 지역에 5곳이 있다고 한다.

세도나의 5곳은 벨 록Bell Rock, 에어포트 메사Airport Mesa, 대성당 바위Cathedral Rock, 성십자 성당Chapel of the Holy Cross, 보인튼 캐니언Boynton Canyon 등이라고 한다.

↑ 세도나에서 기가 제일 세다는 벨 록

벨 록 주차장에 도착하였으나 주차 공간이 없어 4, 5바퀴를 돈 후에나 간신히 한 곳에 주차할 수 있었다.

벨 록으로 난 길을 따라 올라가며 종 모양의 웅장한 모습과 주위의 경치를 사진에 담았다.

이곳은 세도나에서도 기가 제일 센 곳이라 세계에서 명상가, 무속인, 예술인 등이 기를 받고자 많이 찾아온다고 한다.

벨 록 중간쯤 올라가 평편한 데에 앉아 잠시 앞에 펼쳐진 경치를 감상하였다.

푸른 하늘 아래 관목 숲이 펼쳐진 광활한 평원 사이로 우뚝 솟아 있는 붉은 바위들과 절벽의 풍경은 정말 장관이었다.

근처에는 마을이 없어 남쪽 고개 넘어 오크 크리크Oak Creek 마을로 가서 태국 식당에서 쌀국수, 볶은밥 등으로 점심을 들었다.

점심 후 세도나의 볼텍스 스폿 5곳 중 한 곳인 대성당 바위를 가려 하였으나 폐쇄되어 성십자 성당으로 갔다.

300m 붉은 바위산 중턱에 세워진 이 건물은 150여 명이 예배를 드릴 수 있는 작은 성당으로 볼텍스 스폿 중 한 곳인데 천주교 신자들 이외에 관광객들이 많이 찾아오는 장소라고 한다.

또한 이 성당은 1956년에 지어졌으나 현대적 감각이 풍기는 디자인으로 미국 건축사 협회로부터 명예 건축상Award of Honor를 받았다고 한다.

입구로 들어서니 앞 벽면 대형 유리창을 배경으로 십자가에 매달린 예수의 형상이 나타났는데 경건하고 신비스러운 분위기에 예수상을 우러러보며 두 손을 모으고 고개를 숙였다.

성당을 나와 주위에 보이는 성당 수도원, 벨 록, 코트 하우스 뷰트Courthouse Butte, 캐슬 록Castle Rock 등 아름다운 풍경을 감상하며 천천히 내려왔다.

↑ 세도나의 성십자 성당

다음은 세도나 볼텍스 스폿 중 가장 외진 곳에 자리한 보인튼 캐니언을 찾아갔는데 이곳은 벨 록이나 성십자 성당보다 관광객이 적었고 주차 공간도 여유가 있었다.

보인튼 캐니언의 볼텍스 스폿까지 30여 분 거리라서 그 장

세도나의 성십자 성당 주변 붉은 사암 풍경

↑ 세도나 보인튼 캐니언의 볼텍스 스폿 바위(오른쪽)

소에 다녀오고자 하였다.

그러나 세도나에서 기가 제일 세다는 벨 록에 다녀온 후라서 홍찬국 국장과 김근수 사장은 주차장 인근에서 쉬겠다고 하여 박석찬 사장과 오솔길 표지판을 따라 올라갔다.

산 중간에 우뚝 솟아 있는 봉우리 아래 볼텍스 스폿에 서니 앞쪽 평원의 기가 이 장소로 몰려와 몸속으로 타고 오르는 것 같은 상쾌한 기분이 들었다.

주차장에서 기다리고 있는 팀원들을 생각하여 오래 머물지 못하고 사진 몇 장을 찍고 서둘러 내려왔다.

세도나 탐방을 마치고 플래그스태프Flagstaff 숙소로 가는 길에 플래그스태프 메디컬 센터Flagstaff Medical Center에 잠시동안 들렸다.

이곳은 필자가 1982년 콜로라도대학교에 6개월간 어학연수를 하던 기간 중 교통사고로 20여 일간 입원해 있던 병원이었다. 그때 방학을 맞아 콜로라도대학교에 1년간 교환교수로 와있던 한국 대학교수 2명의 승용차로 그 가족들과 함께 그랜드 캐니언을 가다가 플래그스태프 인근 10번 고속도로에서 화물차와 충돌하는 큰 사고가 발생하였었다.

안전벨트를 매고 조수석 자리에 앉아 있었는데도 필자만 척

↓ 41년 전 교통사고로 입원하였던 플래그스태프 메디컬 센터 앞에선 필자

추가 부러지는 중상을 입었었다.

앰뷸런스에 실려 플래그스태프 메디컬 센터로 가서 5시간여의 수술 후에 3주간 입원 치료를 받았었다.

걸을 수 있을 정도로 회복되어 퇴원 후 콜로라도 볼더Boulder로 돌아갈 때는 앰뷸런스 헬리콥터Ambulance Helicopter를 타고 록키산맥을 넘었는데 난기류에 헬리콥터가 한참 동안 아래로 떨어져 죽는 줄 알고 깜짝 놀란 잊지 못할 경험도 하였었다. 그 당시는 들것에 누워 입, 퇴원하였기에 병원 건물의 모습을 보지 못하였었다.

41년 전 입원하였던 병원에 와보니 사고 당시와 3주간의 입원 생활이 기억 속에 파노라마처럼 펼쳐졌다. 마침 병원 옥상에서 앰뷸런스 헬리콥터가 뜨고 있었는데 전에 타고 갔던 추억을 불러일으켜 더욱 감회가 깊었다.

DAY 07

FLAGSTAFF

석화림 국립공원과 미티어 크레이터 분화구

애리조나 플래그스태프에서 40번 고속도로 동쪽 주변에 있는 미티어 크레이터 분화구, 윈슬로, 석화림 국립공원 등을 돌아보고 플래그스태프로 돌아오는 날이었다.

숙소를 떠나 1시간여를 가니 미티어 크레이터 방문자센터에 도착하였다.

미티어 크레이터Meteor Crater는 지름이 약 1,200m, 깊이 170m인 분화구로 5만여 년 전에 지름 50m의 운석이 초속 12~20km의 속도로 떨어져 생긴 구덩이로 추정된다고 한다.

처음에는 화산 분화구로 알려졌는데 지질학자, 광산기술자인 배린저Ballinger가 철 성분의 운석이 만든 분화구라는 사실을

↑ 미티어 크레이터 분화구

밝히고 주변 땅을 매입하여 그의 이름을 붙인 "배린저 크레이터Ballinger Crater"라고도 한다.

이곳을 배린저 후손들이 관리하고 있는데 "세계에서 가장 잘 보존된 소행성 충돌 분화구이며 아폴로 우주비행사 훈련장으로도 사용되었다."고 홍보하며 관광객에게 다소 비싼 1인당 $25의 입장료를 받고 있었다.

방문자센터 안으로 들어가니 전시관에는 홀싱어 운석Holsinger Meteorite(639kg), 미티어 크레이터 관련 설명 자료와 사진, 다른 지역의 운석과 분화구 자료, 아폴로 우주 비행사 훈련 사진 등을 볼 수 있었다.

전시관을 나와 미티어 크레이터를 마주하니 처음 본 소행성 충돌 분화구의 신비하고 거대함에 감탄사가 절로 나왔다.

주위를 걸으며 사진을 찍었으나 분화구 전체를 한 화면에 담을 수가 없었다.

미티어 크레이터를 떠나 미국의 실크로드로 불리던 "66번 국도Route 66"가 지나가는 작은 마을 윈슬로Winslow 구도심 중심부의 작은 광장으로 향하였다.

미국 66번 국도는 이번 여행 둘째 날 샌타모니카 해변을 가서 그곳이 66번 국도의 종점이라는 표지판을 볼 때 간단히 언

급하였었다.

윈슬로는 냇 킹 콜Nat King Cole이 부른 "루트 66"과 컨트리 록의 대표직 음악가 이글스Eagles가 1972년에 발표한 "테이크 잇 이지Take It Easy"를 통해 관광 명소로 알려졌고 로큰롤rock 'n' roll 팬들에게겐 순례지로 꼽히는 곳이 되었다.

"테이크 잇 이지" 가사 중 윈슬로 관련 부분을 아래에 적어 본다.

> 나는 애리조나주 윈슬로에서 길모퉁이에 서 있는데 경치가 참 좋네요, 아, 저기 납작한 포드를 탄 아가씨가 속도를 낮추며 나를 쳐다보네요.Well, I'm a standing on a corner in Winslow Arizona and such a fine sight to see. It's a girl, my Lord, in a flatbed Ford slowin' down to take a look at me.

핸드폰을 검색하여 "테이크 잇 이지" 노래를 찾아 흥겹게 들으며 윈슬로로 가는데 옆으로는 지평선을 배경으로 컨테이너, 석유탱크 등을 실은 기나긴 화물열차가 느린 속도로 지나가고 있었다.

윈슬로의 명소인 구도심 작은 광장 옆 "스탠딩 온 더 코너standin' on the corner"에 도착하여 "테이크 잇 이지" 노래 작사가 잭슨 브라운Jackson Browne의 동상, 광장 사거리 바닥 한가운데에

↑ 윈슬로에 있는 "테이크 잇 이지"의 작사가 잭슨 브라운의 동상

그려져 있는 루트 66 사인ARIZONA US 66, 노랫말에 나오는 빨간 포드 트럭 등을 돌아보았다.

동상 길 건너에 있는 커피숍에 앉아 창밖 동상을 쳐다보며 OK 목장의 결투, 스탠딩 온 더 코너 등 영화, 음악에 나오는 장소를 관광객들이 많이 찾는 명소로 만든 작은 마을들의 창의적, 상업적 기법을 우리나라 지방자치단체(시, 군, 구)들도 배워야겠다고 생각하였다.

커피를 든 후 오늘의 마지막 방문지 석화림 국립공원Petrified

Forest National Park으로 차를 몰았다.

석화림 국립공원은 약 2억 2,500만 년 전 울창한 침엽수림이 큰 홍수와 화신활동으로 땅속에 매몰된 후 썩지 않고 석화石化되었다가 지상으로 나와 있는 나무화석 공원이다.

땅속에 매몰된 나무들은 화산재에서 용해되어 나온 실리카silica(규소의 산화물)와 다른 미네랄이 서서히 나무들의 세포벽을 채우거나 대체하며 여러 색을 띤 규화목硅化木이 되었다고 한다.

↑ 석화림 국립공원 야외에 있는 나무화석, 규화목

또한 이 규화목들은 대부분 잘려있는데 묻혀있던 곳에서 강한 압력을 받아 자동으로 약한 부분이 부러진 것이라고 한다.

40번 고속도로가 석화림 국립공원을 남북으로 나누며 동쪽으로 가는데 먼저 북쪽 페인티드 데저트Painted Desert(오색사막) 방문자센터로 가서 공원 지도를 받고 이곳 식당에서 점심으로 햄버거, 콜라를 들었다.

점심 후 페인티드 데저트 지역의 경치를 공원 내 도로를 따라 한 바퀴 돌며 구경하였다.

↑ 석화림 국립공원 내 페인티드 데저트 풍경

땅에 포함되어있는 광물질들로 인하여 여러 색깔이 어우러져 있는 이색적인 풍경은 이곳이 지구가 아닌 다른 외계행성에 와있다는 느낌이 들게 하였다.

40번 고속도로를 넘어 남쪽 길을 따라 내려가며 더 티피스 The Tepees, 애거트 브리지 Agate Bridge, 크리스탈 포리스트 Crystal Forest 등을 구경하였다.

더 티피스는 길가에 솟아 있는 원뿔형의 봉우리로 다채로운 모습에 가던 차를 세우고 사진을 찍지 않을 수 없었다.

애거트 브리지는 도랑에 걸쳐있는 34m나 되는 통나무 규화목으로 부러지지 않고 지금까지 보존되어 신기하였고 크리스탈 포리스트는 김밥을 썰어 놓은 것 같은 수많은 규화목이 넓은 평원에 여기저기 흩어져 있었다.

국립공원 남쪽 입구에 있는 레인보우 삼림 박물관Rainbow Forest Museum에 차를 세웠다.

박물관 안으로 들어가니 규화목 중에서 가장 멋진 것들을 전시하고 있었는데 보석같이 예쁘고 예술 작품 같기도 하였다.

박물관 뒤쪽으로 나가니 큰 규화목들이 제각기 아름다움을 뽐내고 있었는데 그중 마음에 드는 몇몇을 사진에 담았다.

석화림 국립공원을 떠나 플래그스태프 시내 숙소로 돌아가는 길에 돌발상황이 발생하였다.

40번 고속도로에서 운전하던 박석찬 사장이 "차가 안 나가네요."라고 말하니 뒷좌석에 앉아 있던 홍찬국 국장, 김근수 사장이 앞 계기판을 보며 "기름이 바닥났네", "기름이 다 떨어졌네요"라며 깜짝 놀라 했다.

끝 모르게 길게 뻗은 직선도로에서 운전자의 졸음을 쫓으려 음악을 크게 틀고 대화를 나누다 보니 계기판의 연료 부족 경

↑ 석화림 국립공원 내 크리스탈 포리스트에 있는 규화목들

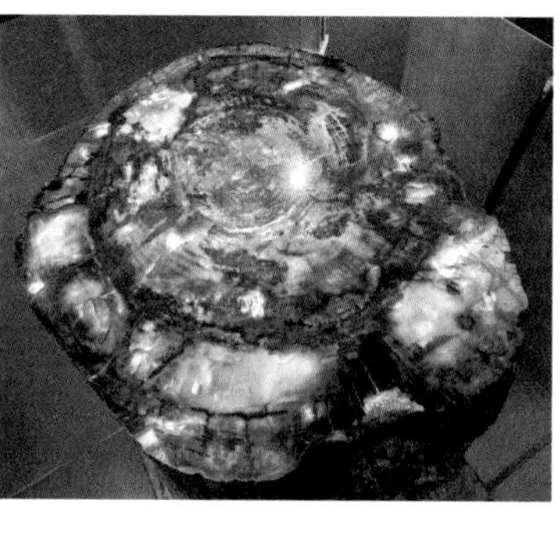

←↑ 레인보우 삼림박물관에 있는 나무화석, 규화목

고 사인을 보지 못하였기 때문이었다.

41년 전 필자가 교통사고를 당한 장소 부근이라 생각되어 고속도로 앞쪽 사진을 찍은 직후 희한하게도 그 장소 근처에서 돌발상황이 발생하였으니 우연이라고 여겨지지 않았다.

엔진이 꺼져 간신히 도로 1차선 옆 갓길에 주차를 시키고 모두 다 갑작스럽게 벌어진 사태에 어찌할 줄 몰라 당황하였다.

렌터카 계약서에서 찾은 전화번호로 전화를 걸었으나 ARS(자동응답시스템)으로 연결되어 잘 대응할 수가 없었다.

↓ 휘발유가 바닥나는 돌발상황이 발생한 40번 고속도로 플래그스태프 인근

그동안에 다른 팀원들은 렌터카 뒤쪽에서 지나가는 차량 행렬을 향해 손을 흔들어 도움을 요청하였다.

조금 지나서 승용차 한 대가 갓길 우리 렌터카 뒤에 서더니 미국인 부부가 내려 상황을 파악하고 나서 기꺼이 도와주겠다고 하였다.

필자가 미국인 부부 차에 타고 고속도로 다음 출구로 나가 주유소 옆에 있는 슈퍼마켓에서 5갤런 플라스틱 통을 사서 휘발유를 넣어 돌아왔다.

이동하며 대화를 나누었는데 이름은 남자가 조Joe이고 여자는 에인절Angel이며 플래그스태프에 사는데 인근 마을 친구 집에 다녀오는 중이라고 하였다.

휘발유를 차에 넣으려 3번이나 시도하였으나 들어가지 않고 모두 밖으로 흘러내렸다.

홍찬국 국장이 렌터카 트렁크 정리함에서 깔때기 홀을 찾아와 연료 주입구에 끼우고 나서야 휘발유가 연료통 안으로 들어갔는데 연료 주입구가 이중으로 막혀있는 차라는 것을 몰랐었다. 오후 5시 20분경 일어난 돌발상황은 1시간여 후에 원만히 수습되었다.

조와 에인절의 도움에 감사하여 사례금을 전달하려 하였으나 돈을 받고자 한 일이 아니라며 손을 내저었다.

그냥 헤어질 수가 없어 저녁 식사를 함께하자고 제의하였더니 흔쾌히 수락하여 플래그스태프 시내 한식당 "꼬끼요Kokiyo"의 주소를 알려주고 헤어졌다.

식당에 도착하여 3, 40여 분을 기다려도 조Joe 부부가 오지를 않아 돼지불고기, 부대찌개 등을 주문하여 먹고 있는데 조 부부가 식당 문을 열고 들어왔다. 조 부부가 오지 않는다고 생각하고 있었는데 나타나니 아주 반가웠다.

저녁 식사에 초대받았기 때문에 집에 가서 샤워 후 옷을 갈아입고 오느라 늦어 미안하다고 말하며 웃었다.

에인절은 바쁘게 서두르다 보니 손톱 매니큐어를 지우다가 두 손가락을 못 지우고 왔다고 왼손을 보여주었다.

박석찬 사장과 먹고 있던 음식 접시를 들고 옆 테이블로 가서 조 부부와 마주 앉아 맥주잔을 부딪치며 건배하였다.

조 부부는 주문한 소고기 불고기 백반이 맛있다고 하며 반찬으로 나온 김치, 오이무침을 한 접시씩 추가하여 더 들었다.

홍찬국 국장이 조 부부가 담배를 피우던데 담배를 선물하자고 하여 말보로Marlboro 1보루(10갑)를 사서 전달하니 무척 고마워했다.

홍찬국 국장은 우리나라 담배가격(4만 5천 원/보루)을 생각하

↑ 고속도로에서 연료가 바닥난 상황에 도움을 준 조와 에인절(가운데 2인)

고 2보루를 사주려고 계산대 앞에 섰는데 $250(33만 5천 원)이라고 하여 비싼 가격에 놀라 1보루(16만 7천 5백 원)만 사 왔다고 했다.

식사를 마치고 조 부부가 식당을 떠날 때 주차장까지 따라가 도와준 것에 진심으로 감사하다고 인사하며 손을 흔들었다.

숙소에 돌아와 취침 전 가만히 생각하니 41년 전 필자가 교통사고를 당한 부근에서 예상치 못한 돌발상황에 직면한 우리 팀원들을 도우라고 하늘에 계신 성모 마리아께서 조 부부Joe & Angel를 보내셨다는 느낌이 들었다.

조 부부의 이름을 풀어보니 조Joe는 "Joseph(요셉, 그리스도의 어머니 마리아의 남편)"의 애칭이므로 성모 마리아께서 남편Joe과 천사Angel를 파견하신 것 같았다.

듀랭고

DAY 08

DURANGO

모뉴먼트 밸리와 포 코너스

플래그스태프에서 모뉴먼트 밸리, 포 코너스를 거쳐 듀랭고까지 가는 날이었다.

모뉴먼트 밸리로 가다가 커피 한잔 마시려고 투바 시티Tuba City 슈퍼마켓에 들렀다. 이곳에서 문득 인터넷에서 본 투바 시티 인근에 있는 애리조나주 명소의 한 곳이 생각났다.

그 명소의 이름은 기억하지 못하지만 바위들의 윗부분이 초콜릿색이고 아래는 흰색으로 아름답고 신비스러운 경치를 연출하고 있는 사진을 본 기억이 생생하게 떠올랐다.

슈퍼마켓에 온 한 여성 고객에게 물어보니 자기는 모르지만 가까이에 있는 나바호 박물관에 찾아가서 알아보라며 방향을 가르쳐 주었다.

↑ 투바 시티 인근의 콜 마인 캐니언

나바호 박물관에 가서 직원에게 문의하니 확실하지 않으나 15~20마일 거리에 있는 "콜 마인 캐니언Coal Mine Canyon"일 가능성이 있다고 하였다.

구글 맵에 콜 마인 캐니언을 입력하고 비포장도로를 따라 목적지까지 가서 주위를 다 돌아보았으나 머릿속에 그리고 있는 경치는 아니었다. 콜 마인 캐니언의 경치 몇 곳을 사진에 담고 돌아섰는데 9시 30분경부터 2시간 30 분여를 헛수고만 하여 팀원들에게 미안하였다.

나중에 인터넷에서 더 검색해 보니 그곳의 명칭이 "블루 캐니언Blue Canyon"으로 콜 마인 캐니언에서 차로 20분 거리에 있

↑ 투바 시티 인근의 블루 캐니언

어 근처까지는 간 것이었다.

블루 캐니언은 호피 인디언 보호구역Hopi Indian Reservation에 흰 증과 붉은 층으로 이루어진 퇴적암이 침식되어 특이한 형태를 나타내는 곳으로 호피족의 성지라고 한다.

일반적으로 외부인들에게는 호피족 가이드가 동행하는 경우에만 접근이 허용된다고 하는데 세컨드 메사Second Mesa 마을에 있는 두 호텔과 호피 문화센터Hopi Cultural Center에서 가이드를 소개받을 수 있다고 한다.

투바 시티로 돌아가 중식당에서 점심으로 볶음밥을 들고 모뉴먼트 밸리로 서둘러 떠났다.

모뉴먼트 밸리Monument Valley는 광활한 대지 위에 거대한 붉은 바위 3개가 우뚝 솟아 있는 미국 서부를 대표하는 명소 중 한 곳이다.

여행 팀원 중 3명은 2019년 여행 때 들린 곳이지만 새로 참가한 박석찬 사장이 이곳이 처음이라 일정에 포함하였었다.

모뉴먼트 밸리는 이 근처에서 촬영된 유명한 미국 영화 "역마차Stagecoach, 1939", "수색자The Searchers, 1956" 등으로 우리나라 서부영화 팬들에게 일찍부터 알려졌는데 요즈음 L.A.에 온 많은 한국 관광객이 2박3일 코스로 이곳까지 왔다가 간다고 하였다.

↑ 모뉴먼트 밸리

4년 전에 한번 본 경치이지만 방문자센터에서 마주한 모뉴먼트 밸리는 역시 자연의 위대한 힘을 다시 한번 느끼게 하고 그 웅장함에 감탄이 절로 나오게 하였다.

모뉴먼트 밸리를 뒤로 하고 미국에서 유일하게 4개 주州의 경계가 십자로 교차하는 포 코너스Four Corners로 향하였다.

콜로라도주의 남서쪽, 유타주의 남동쪽, 애리조나주의 북동쪽, 뉴멕시코주의 북서쪽이 직각으로 만나는 지점으로 북위 약

37도, 서경 109.03도이다.

이곳에는 4개 주 경계가 만나는 지점에 동판이 설치되어 있고 그 주위에 4개의 주 정부, 2개의 자치정부(나바호족, 우테족)의 깃발과 성조기가 바람에 휘날리고 있었다.

4개 주 경계 동판 한 가운데 앉으니 필자의 몸이 동시에 4개 주에 걸쳐있는 재미있는 경험을 하였다.

포 코너스 동판 근처에서 사진을 한 장씩 찍고 숙소가 있는 듀랭고로 차를 몰았다.

↓ 포 코너스 교차점에 앉은 필자

DURANGO

듀랭고와 실버톤을 왕복하는 협궤증기기관차

산후안산맥San Juan Mountains 2,100m 고도에 있는 듀랭고Durango는 다운타운에 유서 깊은 건물들이 즐비하여 국립 역사지구National Historic District로 등재되어 있고 급류 래프팅, 산악자전거, 스키와 스노보드 등 야외활동의 천국이라고 한다.

그러나 이 도시에서 가장 유명한 것은 아니마스강Animas River 협곡을 따라 왕복 7시간여를 달리는 듀랭고-실버톤 협궤철도Durango-Silverton Narrow Gauge Railroad이다.

이 철도는 1882년에 실버톤과 듀랭고 사이 72km 구간에 금광석, 은광석 등을 나르기 위해 만들어졌으나 지금은 역사적인 철도로 협궤증기기관차를 경험하고 아름다운 산악 경치를 구경하고자 하는 관광객을 나르고 있다.

↑ 실버톤 역에 정차해 있는 듀랭고-실버톤 협궤철도 열차

아침에 일어나니 고도가 높아서인지 5월 중순인데도 기온이 섭씨 1도라서 밖에는 쌀쌀하였고 실내 카운터 옆에는 벽난로에 장작불이 활활 타고 있었다.

아침을 호텔 식당에서 간단히 들고 실버톤으로 가는 9시 기차를 타기 위해 기차역으로 갔다.

기차를 타고 듀랭고 시내를 서서히 빠져나가는데 철로 변 주민들과 도로 건널목에서 기차가 지나가기를 기다리는 사람들이 손을 흔들며 인사하자 기차 승객들도 함께 손을 흔들었다.

기차가 산 중턱으로 올라 조금 달리니 오른편으로는 엄청 높

↑ 산 중턱을 달리는 듀랭고-실버톤 협궤열차

↑ 듀랭고-실버톤 협궤열차 내부 ↑ 듀랭고-실버톤 협궤열차 차장과 객차 내에서

은 절벽 아래 아니마스강 급류가 흐르고 앞쪽 기관차는 산 중턱 좁은 철로를 감아 돌아가고 있었는데 정말로 멋진 풍경이었다. 이때부터 듀랭고역으로 돌아올 때까지 피서에서 일어나 열차 창문이 없는 전망 칸에 서서 경치를 감상하였다.

필자는 "협궤증기기관차"에 대한 남다른 추억이 있다.

우리나라에서 협궤열차는 수원에서 여주까지의 철도 수여선水驪線(73.4km, 1972년 폐선)과 수원에서 인천까지의 수인선(52.0km, 1995년 운행 중단, 2020년 표준궤로 개통)에서만 다녔었다.

이 두 노선의 철도는 선로 폭이 좁은 협궤(762mm)로 일반철도(표준궤: 1,435mm)의 53%밖에 되지 않았고 속력도 시속 10km에서 최고 70km까지 달릴 수 있는 느림보 꼬마열차였다.

필자의 어린 시절 살던 집이 여주역 가까이에 있어 칙칙폭폭 연기와 수증기를 내뿜으며 기적 소리를 울리던 증기기관차를 자주 보았었다.

초등학교 때 방학하면 나무 의자와 석탄 난로가 놓여 있는 이 협궤열차를 타고 할머니 집에 갔었고 고등학교를 인천에 있는 제물포고등학교에 진학하여 여주 집에 다녀 올 때는 수인선과 수여선 열차를 바꿔 타며 다녀왔었다.

채소, 곡식을 싼 보따리나 생선, 조개를 담은 큰 고무 대야를 들고 기차에 오르내리던 승객들, 차표 검사를 하던 차장, 차가

↑ 만년설 산 앞 애니마스강 급류를 따라 달리는 협궤열차

느리게 언덕길을 오를 때 속도가 느려지면 차에서 뛰어내렸다가 다시 올라타던 청년들 등은 기억에 오래 남아있다.

침엽수림 사이로 급하게 흐르는 아니마스강을 따라 열차가 올라가며 멋진 경치를 펼쳐 보이니 승객들은 차창 가로 나와 사진을 찍느라 바빴다.

그러나 일부 노부부들은 좌석에서 여유롭게 경치를 즐기며 이야기를 나누고 있었다.

잔설이 쌓인 아나마스 강변을 달리는 협궤열차

협곡 내 건물은 보이지 않고 넓은 공간이 있는 곳에 열차가 정차하자 차장의 안내를 받아 3명의 청년이 내렸는데 등산이나 급류 래프팅을 하려고 온 것 같았다.

열차가 조그만 폭포 옆에 있는 급수탑에 한 번 더 정차하여 기관차에 물을 넣은 후 눈 쌓인 철로 변과 산봉우리를 지나 힘차게 실버톤으로 달려갔다.

열차의 종착역이 있는 실버톤Silverton 마을은 아니마스강 계곡 평평한 지역에 스톰 피크Storm Peak를 비롯한 13개의 가파른 산으로 둘러싸여 있는데 고도가 2,835m로 우리나라 백두산(2,744m)보다 높은 곳에 있다.

이 도시는 금과 은을 캐는 광산 도시로 유명해져 1910년에는 2,153명이나 살았는데 지금은 폐광되어 대부분 관광업과 관련 직종에 종사하는 530여 명이 사는 작은 산골 마을이 되었다.

실버톤 역에 12시 30분에 도착하여 거리로 나서니 19세기와 20세기 초에 지어진 건물들이 많이 남아있어 서부영화에 나오는 카우보이 마을에 온 것 같은 느낌이 들었다.

점심은 실버톤역 부근에 있는 "나탈리아 1912 식당Natalia's 1912 Restaurant"에서 햄버거를 들었는데 기차에서 내린 관광객들이 한꺼번에 몰려가 주문과 급식에 시간이 좀 걸렸다.

식사 후 우리를 태우고 온 꼬마 증기기관차와 마을 상점 몇 군데를 돌아보고 오후 2시 45분에 듀랭고로 돌아가는 열차에 올랐다.

아니마스강을 따라 내려가며 보는 주변 경치는 올라올 때보다 더욱 멋있었다.

실버톤으로 올라갈 때는 협곡 주위에 있는 산봉우리의 만년설이 조금 보였는데 하산길에는 4,000m급 눈 쌓인 산봉우리

↑ 아니마스강 급류를 따라 내려가는 협궤증기기관차

들을 여럿 보았고 깊은 협곡에 흐르는 아니마스강의 급류도 열차 좌측 아래로 명확히 내려다볼 수 있었다.

어릴 석 추억의 협궤증기기관차를 타고 만년설 산과 협곡 경관을 감상한 즐거운 하루였다.

샌타페이

DAY 10

DAY 10

SANTAFE

메사버드 국립공원과 캐니언 드 셰이 국립기념물

듀랭고에서 인디언들의 대형 절벽 주거유적지인 메사버드 국립공원과 이곳에서 남쪽으로 내려가 캐니언 드 셰이 국립기념물을 보고 샌타페이까지 가는 날이었다.

메사버드 국립공원Mesa Verde National Park은 콜로라도주 남서부 고도 약 2,600m의 평평한 고원에 있는데 메사버드는 스페인어로 "초록색의 대지臺地"란 뜻으로 스페인어 발음에 따라 "메사 베르데"라고도 부른다.

이 고원 절벽 아래 움푹 들어간 여러 곳에 예전 푸에블로 인디언의 선조로 알려진 아나사지 인디언들이 600년경부터 13세기 말까지 살았던 주거유적지가 있는데 1906년 국립공원으로 지정되었고 1978년 유네스코가 세계 문화유산으로 최초 지정한 8곳 중 한 곳이기도 하다.

메사버드를 대표하는 유적지 클리프 팰리스Cliff Palace(절벽 궁전)는 "인디언 유적의 꽃"이라고 불리는데 4층 구조로 150개의 방과 23개의 키바kiba(종교의식 장소)가 있고 250여 명이 살았다고 한다.

숙소를 출발하여 1시간쯤 달려 방문자센터에서 국립공원 지도를 받고 바로 클리프 팰리스를 찾아갔다.

절벽 아래로 내려가 이곳을 가까이에서 보려면 날짜와 시간을 사전에 예약한 후 국립공원 산림감시인(레인저)의 안내를 받아야 하기에 전망대로 가서 위에서 내려다보기만 하였다.

앞에서 바라본 클리프 팰리스는 웅장하고 아름다웠으나 이곳에 살던 인디언들은 700여 년 전 연속되는 가뭄으로 애리조나주 나 뉴멕시코주 쪽으로 떠났다고 한다.

오르내리기가 힘이 들더라도 절벽 아래에 집을 지은 이유는 외적 방어에 유리했기 때문이라고 하는데 외적 방어보다도 더 우선하는 것이 물이란 것을 알려주는 대표적 유적이었다.

이곳 이외에 가장 보존 상태가 좋은 스프루스 트리 하우스Spruce tree house, 계단 형태의 스텝 하우스Step house, 발코니가 있

↑ 메사버드 국립공원 내 클리프 팰리스

는 발코니 하우스 등이 있으나 대표적인 유적지 클리프 팰리스를 보았으므로 찾아가지 않기로 하였다.

메사버드 국립공원에서 나와 서쪽으로 15km에 있는 마을 코테즈Cortez의 중식당에서 점심을 들었다.

70세 전후의 여사장이 주문받았는데 누들noodle 메뉴에 면발이 가는 태국식 쌀국수가 있다고 친절하게 설명하니 3명은 이 것을 들고 필자는 면발이 굵은 중국식 국수를 들었다.

다음 목적지 캐니언 드 셰이 국립기념물Canyon de Chelly National Monument은 2000여 년 전부터 인디언이 살았던 유적이 있는 웅장한 계곡의 명소이다.

"캐니언 드 셰이"의 이름은 원래 나바호 인디언의 이름 쎄이Tseyi가 스페인어로 "de Chelly"로 쓰였는데 미국의 영토가 된 후 영어로 쓰이면서 프랑스어 발음으로 사용하여 글자와 전혀 다른 발음이 되었다고 한다.

이곳은 옛 푸에블로 인디언의 선조 아나사지 인디언들이 절벽에 있는 움푹 들어간 곳에서 거주해 왔었는데 1700년경부터 나바호Navajo 인디언들이 하천이 흐르는 계곡에 자리를 잡아 지금까지 살아오고 있다고 한다.

목적지에 도착하기 약 100km 전에 큰 산을 넘어가는데 갑작스레 날씨가 돌변하여 바람이 세차게 불고 진눈깨비가 많이 날려 앞 유리에 떨어졌다.

와이퍼를 빨리 움직이고 속도를 줄여 천천히 여러 굽이를 돌아 산 아래에 내려오고 나니 "휴~"하고 안도의 한숨이 저절로 나왔다.

↓ 캐니언 드 셰이 국립기념물

↑ 캐니언 드 세이 국립기념물의 스파이더 록

캐니언 드 세이의 상징물인 스파이더 록Spider Rock(거미 바위)을 보기 위해 전망대로 갔다.

240m인 스파이더 록은 첨탑같이 뾰족한 두 개의 바위가 계곡 아래에서 위로 솟아 있는데 예전 인디언들이 이 바위 꼭대기에 거미 여신이 살고 있다고 믿어 그 이름이 붙여졌다고 한다.

전망대에서 내려다보니 300m 붉은 사암 절벽 사이로 흐르는 하천을 따라 드문드문 울창한 수목과 목초지, 집들이 보였는데 그곳에 우뚝 솟아 있는 스파이더 록은 웅장하고 신비스러운 분위기를 자아내고 있었다.

DAY 11

SANTA FE

어도비 건물의 도시, 샌타페이

어제 길이 좁고 굽이가 많은 메사버드 국립공원, 캐니언 드 셰이를 거쳐 약 800km를 오느라고 오후 10시 30분에 샌타페이 숙소에 도착하였다. 평상시보다 조금 늦게 일어나 식당에 가니 준비된 음식이 이전 숙소들보다 부실하였다.

미국인들이 아침 간편식으로 많이 드는 시리얼cereal, 우유가 없고 파이pie, 초콜릿 롤chocolate roll, 아몬드 바almond bar, 사과(주스), 커피 등이 전부였는데 코로나바이러스 감염증-19 확산에 따른 관광객 감소 여파가 아직도 가시지 않은 것을 확인하는 자리였다.

아침 식사를 간단히 하고 샌타페이 시내 관광에 나섰는데 방문하고자 하는 오래된 건물들이 가까운 거리에 모여있어 걸어

↑ 어도비 양식의 호텔 "인 앤드 스파 앳 로레토"

다니며 둘러보았다.

샌타페이는 해발 2,134m에 있는 도시로 1610년에 스페인의 식민지 뉴 스페인New Spain 때의 수도로 설립되어 400년의 역사를 지니고 있는데 현재도 뉴멕시코주의 주도州都이다.

현대자동차(주)는 이 도시의 이름을 딴 "SUV 산타페"를 2000년에 출시하여 우리나라에도 낯설지 않은 이름이다.

이 도시는 진흙, 모래, 짚 등을 섞어 만든 벽돌로 지은 특유의 건축 양식인 어도비Adobe 건물들이 가득하여 이국적인 분위기인데 멕시코나 남미의 어느 마을에 와있는 듯한 착각을 불러 일으키게 한다.

먼저 샌타페이 관광의 중심지 샌타페이 광장Santa Fe Plaza으로 갔다. 광장 북쪽에는 1610년에 완공하여 미국에서 가장 오래된 관공서 건물인 총독 관저Palace of the Governors가 있는데 지금은 뉴멕시코 역사박물관으로 사용되고 있다고 한다.

이 광장에서 유명한 것은 총독 관저 앞에 있는 아메리칸 인디언 노점상들로 1930년대부터 지금까지 같은 자리에서 직접

↓ 총독 관저 앞에 있는 아메리칸 인디언 노점상들

↑ 샌타페이의 성 프란시스 대성당

만든 수공예품들을 팔고 있어 샌타페이를 상징하는 볼거리로 알려져 있다. 노점상들이 펼쳐놓고 팔고 있는 각양각색의 팔찌, 귀고리, 목걸이, 가방, 목도리, 모자 등을 구경하고 나서 성 프란시스 대성당St. Francis Cathedral으로 걸어갔다.

성 프란시스 대성당은 이 지역의 어도비 건축 양식과는 전혀 다른 프랑스의 로마네스크 양식으로 1886년에 완공하였으나 원래 계획하였던 두 개의 뾰족탑은 공사비용 문제로 끝내지를 못한 채로 지금에 이르고 있다고 한다.

성당 안으로 들어가니 십자가의 예수상과 성모상, 아동들과 함께 있는 성직자 벽화, 스테인드글라스의 성화 등 경건한 분위기에 앞쪽 제단으로 나아가 두 손을 모으고 기도를 드렸다.

성 프란시스 대성당에서 나와 100년 전통의 아름다운 라 폰다 호텔LA Fonda Hotel을 지나 로레토교회Loretto Chapel로 갔다.

↑ 로레토교회 나선형 나무 계단

로레토교회는 1873년에 지은 고딕식 건물인데 그 안에 있는 스프링 나선 형태의 나무 계단Spiral Stair이 유명하다.

360도로 두 번 회전하며 성가대석으로 올라가는 이 33계단은 못을 전혀 쓰지 않았고 계단을 지탱해주는 기둥도 없어 "신기한 계단Miraculous Staircase"이란 별명이 붙었다고 한다.

1인당 $5의 입장료를 내고 교회 안으로 들어가서 계단과 난간을 올려다보니 천상으로 오르는 계단같이 신비하고 아름다웠다.

로레토교회 나무 계단을 보고 나서 올드 샌타페이 트레일Old Santa Fe Trail 도로로 두 블록 남쪽으로 내려가니 미국 내에서 가장 오래된 성당으로 알려진 산 미구엘 성당San Miguel Mission이

↑ 샌타페이의 산 미구엘 성당

나타났다.

이 성당은 1610년에 지어졌는데 1680년 푸에블로 원주민들이 스페인에 대항하여 일으킨 푸에블로 반란Pueblo Revolt으로 지붕이 불탔으나 12년 후 다시 복구하였다고 한다.

도로에서 계단을 올라가 성당을 바라보니 어도비 양식의 아담한 건물 맨 위에 흰 십자가가 세워져 있고 그 아래 네모난 창 안에는 종이 달려 있었다.

성당 앞에는 보라색 라일락꽃, 노란 난초꽃이 피어 있고 파란 하늘에는 흰 구름이 펼쳐져 성스럽고 고풍스러움에 멋을 더하고 있었다.

성당을 나오니 바로 옆에 "미국에서 가장 오래된 집Oldest House in the U.S.A."이란 팻말이 붙어있는 건물이 있어 들어가 보니 옛날 집안 모습을 재현해 놓았고 한쪽에는 기념품 가게도 있었다.

산 미구엘 성당에서 동쪽으로 조금 가면 캐니언 로드Canyon Road가 나오는데 이곳에는 샌타페이에 있는 약 300개의 갤러리gallery(화랑) 중 100여 개의 갤러리가 길가 양쪽으로 줄지어 있다고 한다. 그림이나 공예품을 사지 않더라도 예술 작품에 관심 가진 관광객들이 꼭 들리는 명소로 알려져 있으나 점심시

↑ 샌타페이의 미국에서 가장 오래된 집

간이 지나고 배도 고파 근처 식당으로 발길을 돌렸다.

점심 식사를 마치고 숙소로 돌아와 아침에 이동하며 보아둔 세탁소('Wash Tub' 간판 단 점포)로 그동안 쌓인 빨랫감을 가지고 갔다. 세탁료를 내고 자동판매기에서 산 세제와 빨랫감을 세탁기에 넣고 "시작start" 버튼을 누른 후 25분 만에 세탁이 끝났다. 세탁물을 건조 드럼통으로 옮겨 12분 정도 말렸는데 청바지, 두꺼운 점퍼 등은 덜 말라 한 번 더 드럼통에 넣고 돌렸다.

엘패소

DAY 12

DAY 12

EL PASO

흰 석고 모래의 평원, 화이트 샌즈 국립공원

샌타페이에서 화이트 샌즈 국립공원을 거쳐 멕시코와의 국경도시 엘패소까지 가는 날이었다.

남쪽으로 가는 25번 고속도로로 가다가 라스크루시스Las Cruces에서 좌회전해서 가면 될 줄 알았는데 구글 맵Google Map의 내비게이션은 고속도로가 아닌 지방도로(285번, 54번, 82번)를 따라 진행하라고 알려주었다.

지방도로에 진입하여 한참을 가다 보니 지평선이 보이는 광활한 평원을 몇십 분씩 직선으로 달리기도 하고 한 곳에서는 우측으로 정상 부분이 기다란 탁자같이 생긴 산이 보였는데 남아프리카공화국 케이프타운의 테이블 마운틴을 연상하게 하였다.

평원지대의 작은 마을들을 여럿 지나서 화이트 샌즈 국립공원 인근 도시 알라모고르도Alamogordo의 태국 식당에서 닭고기 볶음밥으로 점심을 들었다.

화이트 샌즈 국립공원White Sands National Park은 라스크루시스에서 북동쪽으로 87km, 엘패소에서도 북동쪽으로 130km에 있는데 2019년 국립 기념물National Monument에서 국립공원National Park으로 승격되었다.

이 국립공원의 흰 모래는 바닷가의 모래사장과는 전혀 다른 석고 모래로 태양열을 오래 받아도 모래처럼 뜨거워지지 않아 맨발로 하이킹을 하는 사람들을 많이 볼 수 있었다.

약 2억 5천만 년 전에 이곳은 얕은 바다였고 융기 현상으로 고원 지대가 되었다가 1천 만 년 전에 다시 가라앉아 분지가 되었다고 한다.

그 후 이 분지로 사방에서 흘러들어온 물이 증발하고 나서 물속에 녹아 있던 석고들이 바닥에 남았는데 풍화작용으로 부서지며 700제곱km의 세계에서 가장 큰 석고 모래언덕으로 변했다고 한다.

샌타페이에서 많이 보았던 어도비 건축 양식의 국립공원 방문자센터에서 공원 안내 지도를 받았는데 한국어와 일본어로

화이트 샌즈 국립공원 모래언덕을 오르는 관광객들

적혀있어 우리나라의 위상이 높아진 것을 실감하였다.

차를 몰고 공원으로 들어가는데 흰 모래언덕이 길 양쪽으로 이어져 있어 마치 눈 덮인 시베리아 평원 속으로 달려가는 기분이었다.

국립공원 맨 안쪽 주차장에 차를 세우고 모래언덕을 올라가 보니 하얀 땅과 구름, 그 위로 파란 하늘만 눈에 들어오는 별천지였다.

이곳에 오면 모래 위에서 뛰어올라 "인생 사진" 찍기와 급경사 모래언덕에서 미끄럼 썰매 타기가 즐길 거리라 하여 팀원들도 각자 몇 번씩 뛰어올라 사진을 찍었다. 파란 하늘 위로 뛰어오를 때는 파란 바다로 다이빙하는 기분으로 아주 상쾌하였다. 언덕을 내려오며 강수량이 적고 햇살이 강렬한데도 하얀 모래언덕에 뿌리를 내린 식물들을 보았는데 이 식물들의 강한 생명력에 감탄하지 않을 수 없었다.

화이트 샌즈 국립공원을 나와 엘패소로 가는 82번 지방도로는 직선으로 몇십 km 뻗어 있었는데 왼쪽으로 줄지어 선 진신주들의 모습은 멋진 볼거리이었다.

엘패소 시내에 가까이 갔는데 저녁 식사 시간까지는 여유가

↑ 화이트 샌즈 국립공원 모래 위에 자라는 식물들

있어 멕시코의 국경도시 후아레스Juarez를 멀리서라도 볼 수 있는 곳으로 가기로 하였다.

내비게이션에 "후아레스"를 입력하고 남쪽으로 내려가니 공원이 나오고 국립공원 관리청National Park Service 표지판이 보였다. 공원 건물 안으로 들어가 받은 안내서에서 이곳이 "차미잘 국립 기념지Chamizal National Memorial"인 것을 알게 되었다.

차미잘 국립 기념지는 미국 엘패소와 멕시코 후아레스 사이에 있는 차미잘Chamizal 지역에서의 국경분쟁이 평화롭게 해결

↑ 차미잘 국립 기념지에 선 필자(뒤쪽으로 멕시코로 가는 도로와 국경 장벽이 보임)

된 것을 기념하기 위하여 1974년에 지정되었다고 한다.

미국과 멕시코 간의 국경인 리오그란데강의 홍수와 침식으로 흐름이 바뀜에 따라 1850년대부터 경계분쟁이 시작되었는데 1963년 두 나라가 차미잘 협약에 서명함으로써 100여 년간 지속한 분쟁에 종지부를 찍었다. 이를 기리기 위하여 연방정부에서 지은 기념관에는 국경분쟁 관련한 문서, 사진, 그림 등을 전시하고 있어 한 번 둘러보았다.

건물 밖 공원으로 나와 동쪽을 바라보니 언덕에 멕시코로 가는 도로와 국경검문소가 있었다. 이 검문소를 통과하면 멕시코

후아레스인데 마약과 범죄의 도시로 알려져 있고 치안이 좋지 않아 국경을 넘어가면 사람이 많은 번화가에서만 머물고 인적이 드문 곳은 절대 들어가지 않도록 주의해야 한다고 한다.

그리고 미국 국경을 넘어 멕시코로 갈 때는 쉽게 검문소를 통과할 수 있으나 미국으로 재입국할 때는 마약 관련 철저한 조사로 몇 시간씩 걸릴 때가 많다고도 한다.

차미잘 국립 기념지를 나와 한식당 코리아하우스에서 저녁 식사로 돌솥비빔밥을 들었다. 모처럼 매운 고추장에 비벼 맛있게 드니 힘이 솟았다.

DAY 13

EL PASO

세계 최대의 종유동굴, 칼즈배드 동굴 국립공원

엘패소를 출발하여 과달루페산맥 국립공원을 거쳐 칼즈배드동굴 국립공원까지 갔다가 다시 엘패소로 돌아오는 날이었다. 차에 기름을 가득 넣고 엘패소 시내를 조금 벗어나자 차량 검문소가 있었다. 멕시코 쪽에서 오는 불법 이민자들이나 마약 운반을 차단하기 위해 검문을 하고 있었는데 CCTV로 사전에 우리들의 차가 L.A.에서 빌린 것임을 확인(?)하였는지 검문 장소에 정차하니 바로 통과하라고 손짓을 하였다.

검문소를 지나니 어제와 비슷한 경치가 펼쳐졌는데 차 앞에는 사막성 평원 위에 직선 도로가 길게 뻗어 있고 평원 뒤로는 산맥의 나지막한 능선이 흰 구름 뒤로 숨어서 동쪽으로 이어달리기를 하고 있었다.

↑ 과달루페산맥 국립공원의 엘 캐피탄

광야의 직선도로를 달리며 USB에 담아온 "중년을 위한 카페가요 150"을 들었다. 수은등(장윤정), 그대 그리고 나(임수정), 동숙의 노래(문주란), 존재의 이유(김종환), 립스틱 짙게 바르고(임주리), 시계 바늘(신유), 안동역에서(진성), 용두산 엘레지(송가인) 등의 노래가 메들리로 차 안에 가득 채워져 졸음을 쫓아주고 흥을 돋워주었다.

2시간여를 가니 높고 큰 산봉우리가 나타났는데 고개를 넘어가서 과달루페산맥 국립공원 방문자센터에서 받은 지도를 보니 2,464m 높이의 엘 캐피탄El Capitan(요세미티 국립공원에도 같은 이름의 큰 바위가 있음)이었다.

과달루페산맥 국립공원 Guadalupe Mountains National Park은 2억 5천만 년 전의 해양 화석 바위, 다양한 동, 식물군 등으로 유명하고 산 정상 접근도로나 내부 관통 도로가 없으며 자연이 잘 보존된 미국의 대표적인 국립공원이라고 한다.

이 방문자센터 뒤쪽으로 등산객들이 많이 찾는 과달루페봉(2,667m) 트레일(왕복 13.5km), 엘 캐피탄 트레일(왕복 18.1km) 등 여러 트레일이 있고 왕복 1km 정도의 짧은 파이너리 트레일 Pinery Trail도 있다고 하는데 오늘 일정상 트레일을 걷지 못하고 칼즈배드동굴 국립공원으로 향하였다.

180번(62번) 도로에서 칼즈배드동굴 국립공원으로 진입하는 삼거리의 선인장 카페 Cactus Cafe에서 커피를 들고 국립공원 방문자센터가 있는 산 위쪽으로 올라갔다.

칼즈배드동굴 국립공원은 엘패소에서 230km 동북쪽에 있으며 200만에서 300만 년 전부터 지하에 있는 석회암이 지하수에 녹아 굴이 형성되었다고 한다. 이 동굴은 카우보이 소년 짐 화이트 James L. White가 처음 발견하였는데 그는 화산에서 내뿜는 연기 같은 것을 들판에서 보고 찾아갔으나 그것은 동굴에서 나오는 수만 마리의 박쥐들이었다고 한다.

그가 1901년에 줄사다리, 석유등을 준비해서 이 동굴의 탐

↑ 칼즈배드동굴 국립공원의 석순 "자이언트 돔"(사진 왼쪽 기둥)

험을 시작한 후 여러 차례 답사를 계속하며 동굴의 중요성을 세상에 알리고 나서 1923년 국가기념물National Monument로 지정되었으며 7년 후에는 국립공원National Park으로 격상되었다.

이 국립공원 안에는 116개의 동굴이 있는데 그중에서 가장 큰 동굴 안의 공간은 빅 룸Big Room으로 길이 1,220m, 폭 191m, 높이 78m에 달한다. 이곳으로 내려가는 데에는 엘리베이터를 타고 편하게 지하 227m 아래 빅 룸까지 내려가거나 동굴 입구로부터 구불구불하고 가파른 길을 따라 2km를 걸어 내려가는 두 가지 방법이 있다.

↑ 칼즈배드동굴 국립공원의 석순 "쌍둥이 돔"

엘리베이터를 타고 내려가 빅 룸에 도착하니 서늘하였는데 이곳의 내부 온도는 계절에 상관없이 섭씨 13도밖에 되지 않는다고 하였다.

지하 넓은 공간에는 선물 가게, 화장실, 식당 등이 있었는데 여기에서부터 수평으로 원을 그리듯 한 바퀴를 돌며 빅 룸의 경치를 구경하였다. 천장에 매달린 고드름 같은 수많은 송유석, 미얀마 사원의 웅장한 불탑을 연상케 하는 석순들, 이들 사이에 있는 작고 맑은 연못 등을 보며 한 시간 반 동안 신비로운 지하 궁전의 아름다움 속에 빠져있었다.

국립공원 방문자센터 밖으로 나오니 지대가 높아 시야가 탁 트여 드넓은 평원 너머 흰 구름 아래로 지평선이 아스라이 보였고 가까이에는 오코틸로Ocotillo 선인장의 빨간 꽃이 길게 뻗은 가지마다 피어 활짝 웃고 있었다.

동굴 입구에는 해가 질 무렵 먹이를 찾아 나서기 위해 동굴 밖으로 비행하는 수만 마리의 박쥐 떼를 볼 수 있도록 원형극장Amphitheater까지 마련해 놓았다고 하는데 일정상 해 질 무렵까지 기다릴 수 없었다.

칼즈배드동굴 국립공원에서 내려와 올라가기 전 커피를 마

↓ 칼즈배드동굴 지하에 있는 선물 가게

↑ 선인장 카페 정원에 핀 용설란꽃

셨던 선인장 카페Cactus Cafe에서 그날의 특별 메뉴인 스페셜(소고기, 감자)과 샐러드로 점심을 들었다. 어도비식 건물인 선인장 카페는 아름다운 칼즈배드동굴 사진들을 실내 벽에 걸어놓아

↑ 칼즈배드동굴 국립공원 방문자센터 밖 평원과 오코틸로 선인장꽃

이곳이 국립공원 입구란 것을 알리고 있었다.

식사를 마치고 밖으로 나오니 건물 외벽 쪽에는 외계인 모형이 설치되어 있고 잘 가꾸어 놓은 정원에는 카페 이름을 알리려는지 선인장을 심어놓아 잘 자라고 있었다.

한 용설란 선인장은 잎의 가운데서 줄기가 길게 나와 탐스러운 노란 꽃을 피우고 있었다. 용설란은 백 년에 한 번 꽃이 핀다고 과장하여 "세기의 식물century plant"이라 부르기도 한다는데 실제로는 10년 이상 자라야 꽃을 피운다고 한다. 이 희귀하고 예쁜 꽃을 한참 동안 감상하며 사진에 담았다.

샌안토니오

DAY 14

DAY 14

SAN ANTONIO
엘패소를 떠나 샌안토니오로

어제 저녁때 한식당에서 든 해물짬뽕이 소화가 안 되어 밤에 일어나 약을 먹었고 거울을 보니 그동안의 피곤이 누적되어 왼쪽 윗입술이 부르터 있었다.

아침 식사를 팬케이크와 시럽, 스크램블에그scrambled egg, 주스 등 부드러운 음식으로 간단히 들고 길을 나섰다.

엘패소에서 샌 안토니오까지 928km(580마일)를 가는 날로 이번 여행 중 가장 먼 거리를 이동하는 날이었다.

그리고 엘패소는 고원 지대로 해발 1,140m이고 샌 안토니오는 160m에 불과하여 10번 고속도로를 따라 980m를 대부분 직선으로 완만히 내려가는 여정이었다.

↑ 엘패소와 샌안토니오 간 10번 고속도로 풍경

고속도로에 들어서 조금 가니 검문소가 나타났고 제일 바깥 노선에는 화물차들이 긴 줄로 늘어서서 마약 운반, 불법 입국자 이송 등의 단속을 위한 검문을 기다리고 있는 것이 보였다.

승용차 검문 노선에 차를 세우니 마약 탐지견을 끌고 다니는 경찰관이 다가와서 "어디로 가느냐?"라고 질문을 하여 "뉴올리언스와 플로리다 마이애미로 여행 중입니다."라고 답하였다. 경찰관은 우리 렌트카 창문 안쪽을 한번 훑어보더니 통과하라고 손짓하였다.

직선 도로를 운전할 때는 졸음을 쫓기 위해 커피를 마시는데

1시간 30여 분을 더 가서야 첫 휴게소를 만나 차에 기름을 넣고 커피를 마셨다.

오후 1시 30분경 고속도로변 오조나Ozona 마을의 휴게소 식당에서 치즈피자, 닭 다리, 콜라 등으로 점심을 하였다. 식사 후 식당 내 매점을 둘러보다가 물 끓이는 기기機器 옆 진열대에 놓여 있는 ㈜농심의 사발면(컵라면)을 발견하였다. 미국 텍사스주 서남부의 작은 마을 휴게소에서 우리나라의 기업 제품인 농

↓ 텍사스주 오조나 마을 휴게소에 진열되어있는 농심 사발면(오른쪽 진열대 두 번째 줄)

심 사발면이 라면의 원조인 일본 사발면, 미국 현지의 사발면 등과 함께 판매되고 있는 것을 보니 무척 반갑고 흐뭇하였다.

샌안토니오 시내에서 저녁을 한식으로 들고 숙소로 가기 위하여 10번 고속도로에서 35번 도로로 노선을 변경했어야 했다. 그러나 고가도로가 여러 방향으로 혼잡하게 얽혀있어 노선 변경 지점을 놓치고 그대로 직진하여 한참을 가다가 되돌아와야 했다.

대형 한식당 "킴스 갈비Kim's Galbi"에서 저녁 식사를 삼겹살로 시켰으나 필자는 어제 저녁 식사의 소화 불량에서 회복이 덜 되어 젓가락이 거의 가지 않았다.

DAY 15

SAN ANTONIO

텍사스 사뮤의 성지 알라모요새와 리버 워크

샌안토니오 시내에 있는 알라모요새와 리버 워크를 오전에 구경하고 오후에는 휴식을 취하기로 하였다.

어제까지 14일간 쉼 없이 강행군하다 보니 어제 아침 왼쪽 윗입술이 부르텄는데 이어서 오늘은 왼쪽 아랫입술까지 부르튼 상태이었다.

알라모요새The Alamo, Fort Alamo가 있는 샌안토니오는 18세기 초에 스페인인들이 들어와 살았고 그 후 미국의 앵글로 색슨계 개척자들이 많이 들어왔는데 1821년 멕시코가 스페인으로부터 이탈하며 멕시코의 땅이 되었다.

그러나 1835년 12월 앵글로 색슨계 텍사스 민병대들이 멕

↑ 텍사스주 샌안토니오의 알라모요새(정문)

시코의 중앙집권제에 불만을 품고 텍사스 독립전쟁을 일으켜 멕시코군을 몰아내고 이 지역을 점령하였다.

다음 해인 1836년 2월 멕시코의 산타 안나 장군이 이끄는 1,800명의 멕시코군은 제임스 보이James Bowie 대령과 윌리엄 트래비스William B. Travis가 지휘하는 텍사스 민병대의 주둔지인 알라모요새를 포위 공격하여 183명을 전멸시켰다.

13일간의 이 전투에서 살아남은 3명은 한 병사의 아내 수잔나 디킨슨Susanna Dickinson과 그녀의 15개월 된 아기, 지휘관인 윌리엄 트래비스 대령의 노예 조Joe 등 이었다.

알라모요새는 원래 스페인이 아메리카 원주민들을 기독교

로 개종시키기 위해 지은 성당 건물(전도관)이었으나 19세기 초에 스페인 군대가 주둔하며 이 요새를 알라모라 불렀다고 한다. 이 요새는 미국인들의 가슴속에 자유와 독립을 향한 투쟁의 상징으로 자리 잡았고 "텍사스 자유의 성지Shrine of Texas Liberty"로 일컫고 있다.

텍사스주 깃발이 펄럭이는 알라모요새(전도관) 정문 앞에 서서 187년 전 도심지 평지 요새 안에서 자유와 독립을 위해 기꺼이 목숨을 바친 텍사스 민병대 183명의 고귀한 희생정신에 경의를 표하며 잠시 그들의 명복을 빌었다.

건물 오른쪽 문으로 들어가니 정원에는 야자수, 선인장, 소철 등 열대식물들이 가득하였고 이곳을 설명하는 안내판들과 알라모 전투에서 사용하였던 대포 등도 전시하고 있었다.

큰 나무 아래에서 잠시 쉬고 있는데 갑자기 소나기가 내려 뒤쪽 기념품점으로 들어가 잠시 비를 피하였으나 바로 그치지 않아 우비를 사서 입었다.

입구 쪽에 있는 알라모요새(전도관) 안에는 텍사스 민병대가 사용하였던 무기, 군기軍旗, 용품 등이 전시되어 있다고 하는데 비가 내려 들어가지 않기로 하였다.

밖으로 나와 오른쪽으로 가니 알라모 전투 희생자들을 기리

← 샌안토니오 알라모요새의 기념탑

는 기념탑이 우뚝 솟아 있었다.

기념탑에는 알라모 전투 당시 희생된 윌리엄 트래비스 대령을 비롯한 민병대원들의 모습과 이름들이 조각되어 있었는데 이 탑이 세워진 자리는 전투에서 몰살당한 민병대원들의 시신을 쌓아놓고 불을 붙여 태웠던 곳이라고 한다..

알라모요새 옆 쇼핑센터에서 커피를 들고 있는 사이 비가 그쳐 근처에 있는 리버 워크River Walk(스페인어로는 "파세오 델 리오"라 함)로 향하였다.

샌안토니오의 리버 워크와 보트

리버 워크는 샌안토니오강의 강변 양쪽에 조성된 보행자 도로로 우리나라 청계천을 정비할 때 벤치마킹하였다고 한다.

이곳은 1920년대까지만 해도 강물이 범람하고 강노 사신이 빈번히 발생하는 지역이었으나 건축과 디자인을 공부한 로버트 허그맨Robert H. Hugman이 강 주변에 댐, 수로, 산책로, 작은 다리 등의 설치 계획을 수립한 후 1960년대 초까지 공사를 마무리하여 현재의 모습으로 변화시켰다고 한다.

이 리버 워크의 폭 8m에서 10m 강변 옆에는 카페, 상점, 레스토랑, 호텔 등이 늘어서 있었고 강에 대놓은 빨간색, 파란색 등의 리버 보트River Boat는 여유롭게 손님을 기다리고 있었다.

강물 색은 탁하였으나 깨끗한 물이라고 하는데 오리가 새끼 두 마리를 데리고 한가로이 헤엄치고 있었다.

아름드리 큰 나무들이 우거져 있는 고즈넉한 강변을 따라 걸으니 기분이 상쾌하였고 레스토랑 밖 야외카페에는 손님들이 파라솔 아래 드문드문 모여 앉아 대화를 나누고 있었는데 그 모습들이 멋있고 정겨워 사진에 담았다.

점심을 한식당 "일송가든"에서 대구 매운탕, 해물파전 등으로 들고 숙소로 돌아와 휴식을 취하였다.

오후 3시 30분부터 약 2시간 30분을 자고 일어나니 피로는 조금 풀렸으나 점심으로 든 음식이 소화가 잘 안된 상태이

↑ 샌안토니오 리버 워크의 야외카페

었다. 박석찬 사장과 숙소 가까이에 있는 월마트Walmart에 가서 물, 콜라, 간단한 저녁거리(프렌치프라이, 튀긴 닭 날개 등)를 사서 돌아왔다. 다른 팀원들은 점심을 많이 들었어도 저녁거리를 조금씩은 들었으나 필자는 소화 불량으로 콜라 한 잔으로 만족해야 했다.

뉴올리언스

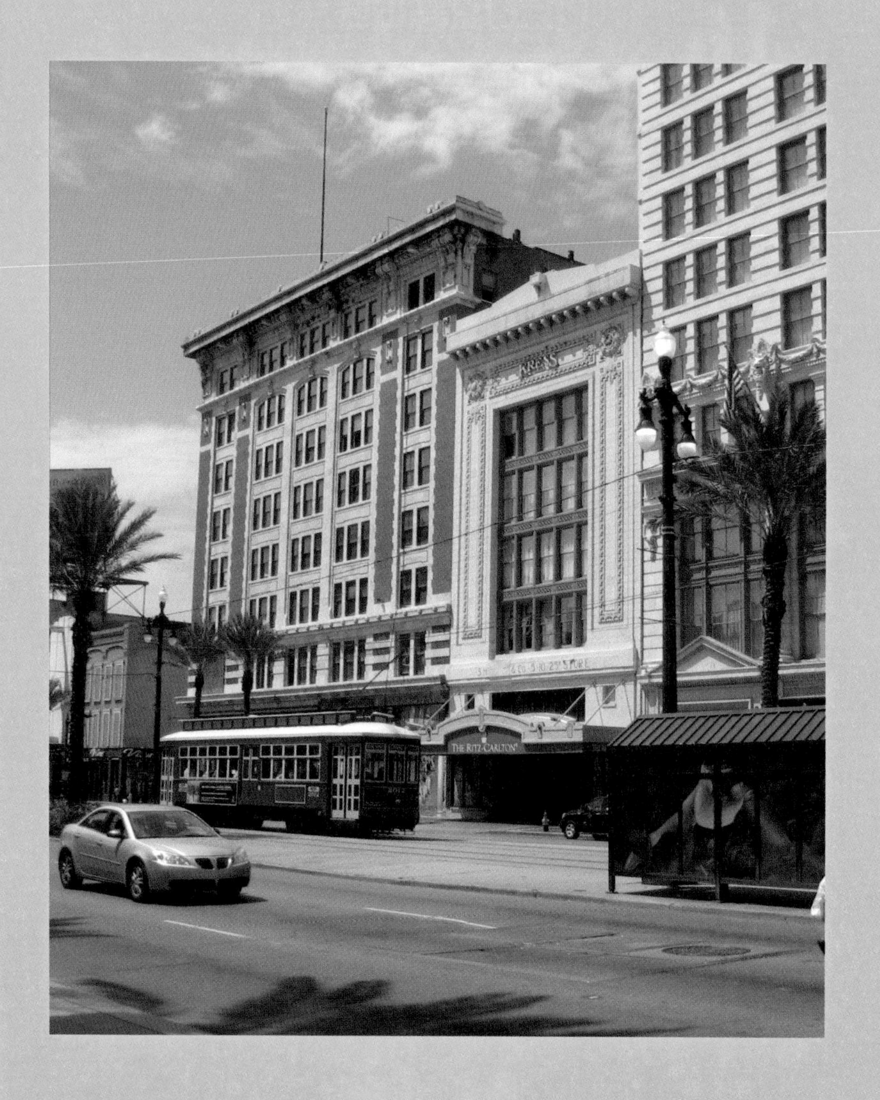

DAY 16 DAY 17

DAY 16

NEW ORLEANS
샌안토니오를 떠나 뉴올리언스로

샌안토니오에서 뉴올리언스까지 875km(547 mile)를 가는데 필자가 운전하는 날이었다.

숙소를 출발하여 35번 도로로 진입한 잠시 후 10번 고속도로로 노선을 변경하여야 하는데 그대로 직진하여 되돌아와야 했다.

이틀 전 엘패소에서 샌안토니오로 올 때는 김근수 사장이 10번 고속도로에서 35번 도로로 노선 변경 지점을 놓쳐 가다가 되돌아왔었는데 이번에는 필자가 같은 장소에서 되돌아오는 실수를 하여 팀원들에게 미안하기 짝이 없었다.

이곳 고속도로 구간 대부분이 평야 지대의 직선 도로이기에 졸음운전을 막기 위하여 아침 식사 후 커피를 두 잔 마셨고 조수석에 앉아 있는 박석찬 사장과 수시로 대화를 나누었다.

이야기를 나누고 USB에 담아온 노래도 듣다가 점심은 휴스턴Houston 시내 동쪽 10번 고속도로변에 있는 "파파디옥스 씨푸드 식당Pappadeaux Seafood Kitchen"에서 "살짝 구운 연어와 가리비seared salmon & scallop"를 들었다.

휴스턴은 텍사스주에서 제일 큰 도시이며 멕시코만과 연결된 항구 도시라서 해산물이 풍부하고 해산물 요리 전문 식당도 많다고 하였다.

점심을 맛있게 들고 계산서를 받아보니 식대(세금 포함)가 $187.92인데 팁Tip은 포함되어있지 않다고 하였다.

팁은 계산서 아래쪽에 적혀있는 15%($28.19), 18%($33.83), 20%($37.58) 중에서 선택하라고 하여 중간인 18%를 택한 후 팁을 포함하여 $221.75를 식대로 결제하였다.

미국 사회에서 팁은 서비스가 좋지 않더라도 반드시 주는 것이 관례이다.

4년 전에는 식대의 10% 수준이었는데 이번 여행에서는 15%에서 23% 수준까지 제시하며 선택하라는 식당이 많았고 몇몇 식당은 팁 15%를 아예 식대에 포함하여 계산서를 가져왔다.

↑ 휴스턴 시내 동쪽 10번 고속도로변에 있는 파파디옥스 씨푸드 식당

미국 최저임금법은 팁을 받는 직종을 지정해 최저 임금 이하를 인정하고 있다.

식당 웨이터 등 서비스업종의 연방 최저 시급이 $2.12(약 2,700원)로 낮아 서비스업 종사자의 임금의 일정 부분을 손님이 내는 팁으로 보충하는 구조로 되어있다고 한다. (조선일보, 2023. 8.12. B3면 참조)

루이지애나주의 주도州都인 배턴루지Baton Rouge 근처에서 차량 정체가 심하였다.

이 도시에서 뉴올리언스까지 약 130km를 더 가야 하는데 그사이에 휴게소가 없어 소변을 참느라 고생하였다.

뉴올리언스 도심지로 들어가기 전 한식당 "놀라 코리아 Nolakorea"에 차를 주차하자마자 화장실로 달려갔다.

이 식당에서 순두부 백반, 돌솥비빔밥, 잡채 등으로 저녁 식사를 하고 숙소로 향하였다.

호텔 방으로 들어가 간단히 씻고 나니 아침 7시 40분부터 저녁 6시 10분까지 약 10시간 30분을 운전한 피로가 한꺼번에 몰려와 바로 잠에 떨어졌다.

DAY 17

NEW ORLEANS

뉴올리언스 재즈와 미시시피강 유람선

뉴올리언스 시내를 둘러보고 미시시피강에서 유람선을 타는 날이었다.

루이지애나주의 최대도시인 뉴올리언스New Orleans는 미시시피강 하류에 자리한 항구이며 재즈가 탄생한 도시로 "재즈의 고향"으로 널리 알려져 있다.

대부분의 도시지역이 해수면보다 낮아 홍수나 허리케인의 피해를 종종 입어왔다. 특히 2005년 8월 말 멕시코만을 강타한 허리케인 카트리나의 영향으로 도심지의 80%가 물에 잠기고 1,000여 명이 넘는 사망자와 100만여 명의 이재민이 발생하기도 하였다.

이 도시는 1718년 프랑스에 의해 식민지로 개발되었고 1762년부터 38년간 스페인의 지배를 받았으며 1803년 나폴레옹 때 프랑스가 루이지애나를 미국에 팔면서 미국 영토가 되었다. 미국의 땅이 된 후 뉴올리언스는 면화 생산과 아프리카 노예무역의 중심지로 번창하였다. 흑인들의 슬픈 선율이 담긴 재즈가 태어난 데는 이런 배경이 있다.

아침 식사를 든 후 호텔에서 7블록 떨어진 프렌치 쿼터로 걸어갔다. 프렌치 쿼터French Quarter는 뉴올리언스에서 가장 오래

↓ 미시시피강 유람선에서 바라본 뉴올리언스 시내

된 지역으로 잭슨 광장, 세인트루이스 대성당, 폰탈바 아파트, 재즈 공연장과 박물관, 프렌치 마켓 등 관광 명소가 모여있다.

이곳은 18세기 초 프랑스인들에 의해 건설되었으나 18세기 말 두 번의 대화재로 최초의 건물들이 대부분 불에 타고 당시 이 지역을 지배하던 스페인에 의해 재건되었으며 많은 건물이 2층에 발코니를 가진 남유럽풍의 모습을 지니고 있다.

북쪽으로 걸어 올라가니 잭슨 광장 남쪽에 있는 아담한 폰탈바 아파트Pontalba Apartment가 눈에 들어왔다. 빨간 벽돌의 길게 늘어선 4층짜리 건물로 1840년대 후반에 지어져 미국에서 가장 오래된 아파트로 유명한 곳이다.

잭슨 광장 북쪽에도 같은 형태의 건물이 한 채 더 있는데 지금도 사람이 살고 있으며 인기가 아주 높아 입주하기가 무척 힘들다고 한다.

폰탈바 아파트를 지나 왼쪽에 있는 세인트루이스 대성당St. Louis Cathedral으로 갔다. 이 성당은 1718년에 완공되어 아직도 예배가 행해지는 미국에서 가장 오래된 성당으로 이후 몇 차례의 파손과 재건을 거듭하여 1849년에 마지막 보수를 끝냈다고 한다.

성당 양쪽 끝을 장식하는 두 탑이 매우 인상적이었고 성당

↑ 뉴올리언스 프렌치 쿼터의 세인트루이스 대성당(왼쪽)과 잭슨 장군 동상(오른쪽)

↑ 뉴올리언스 프렌치 쿼터의 세인트루이스 대성당(내부)

JACKSON SQUARE
Pedestrian Mall
NO VEHICLES ALLOWED
NO BICYCLING
NO SKATING
NO SKATEBOARDING
CAFÉ PONTALBA
CREOLE CAJUN CUISINE

뉴올리언스 프렌치 쿼터에 있는 폰탈바 아파트

안으로 들어가 보니 그림과 샹들리에로 장식된 아치형 천장, 모자이크 창문, 파이프 오르간, 미국 국기를 비롯한 여러 깃발 등으로 장식되어 경건하고 장엄한 분위기를 연출하고 있었다.

성당 밖으로 나오니 예쁘게 가꾸어 놓은 잭슨 광장Jackson Square이 보였고 그 가운데에는 잭슨 장군의 기마상이 있었다.

잭슨 장군General Andrew Jackson은 워싱턴 D.C.의 백악관이 불에 탔던 미영전쟁 막바지에 벌어진 "뉴올리언스 전투(1815년)"에서 미국 지휘관으로 영국군에 대승을 거두어 전쟁 영웅이 되었고 후에 미국 7대 대통령까지 오른 인물이다.

이 잭슨 장군 기마상은 미국에서 가장 아름다운 기마상이라고 하는데 두 발을 치켜든 말은 바로 푸른 하늘로 뛰어 올라갈 것 같은 자세로 역동적이었다. 평상시 기마상 주위에는 거리의 화가들이 그림을 전시하고 잭슨 광장 여기저기에서는 거리 음악가, 행위예술가들이 공연과 퍼포먼스를 펼친다고 하였으나 오전이고 코로나바이러스 감염증 -19의 확산으로 관광객이 줄어서인지 그들의 모습은 볼 수가 없었다.

잭슨 광장 앞쪽 미시시피강에서 운행하는 증기선 나체스Steamboat NATCHEZ를 타기 위해 매표소로 갔다. 배에서 점심을 하는 관광도 있었으나 점심은 2시간 선상 관광 후에 뉴올리언스

↑ 뉴올리언스 미시시피강의 증기선 나체스 유람선

의 명물인 굴 요리를 들기로 하고 경치 구경만 하는 표를 구매하였다. 11시 30분에 출발하여 미시시피강 양쪽의 경치와 강을 오르내리는 화물선을 구경하고 나이 든 3인의 음악가가 연주하는 재즈를 감상하였다.

미시시피강Mississippi River은 미국 미네소타주에서 시작하여 멕시코만까지 6,210km를 흐르는 세계에서 네 번째로 긴 강으로 국토의 1/3에 이르는 유역에 풍부한 물을 공급하고 미국 중, 서부 개척 초기에는 중요한 교통수단인 선박의 운항 항로이었다. 미시시피강을 통해 밀, 옥수수, 목화, 사탕수수 등 농산물과 납, 아연 등 광산물이 운송되었고 농산물 생산을 위해 아프리카에서 납치된 흑인 노예들이 배에 실려 들어 온 길이기도 하였다. 이 강 연안에 뉴올리언스, 멤피스, 세인트루이스, 미니애폴리스, 세인트폴, 신시내티, 피츠버그 등 상공업 도시가 발전하였다. 미국 발전의 길이었던 미시시피강 선상에서 나이 지긋한 어르신들 3인의 재즈 연주를 들으며 뉴올리언스 시내를 구경한 두 시간의 크루즈cruise는 오래 기억될 것이었다.

배에서 내리는데 빗방울이 조금씩 떨어져 인근 상가 건물로 뛰어 들어갔다. 비는 이내 소나기로 바뀌고 오후 2시가 가까워

↓ 뉴올리언스 미시시피강 증기선 나체스에서 재즈공연 장면

배가 고픈 때라서 굴 요리로 점심을 하기로 한 계획은 저녁 식사 때 들기로 하고 상가 2층 일식당에서 장어와 연어 스시롤sushi roll, 라면 등으로 점심을 들었다.

점심을 먹고 나오기 전에 비가 그쳐 잭슨 광장에서 북쪽으로 5블록, 10여 분 거리에 있는 루이 암스트롱 공원으로 걸어갔다. 루이 암스트롱Louis Armstrong은 1901년 뉴올리언스에서 가난한 흑인의 아들로 태어나 13세 무렵부터 트럼펫(처음에는 코넷)을 배워 21세에 시카고의 킹올리버 악단에 들어가 연주 활동을 하였다.

1925년부터 3년간 자신의 악단인 "핫 파이브Hot Five", "핫 세븐Hot Seven"의 이름으로 취입된 그의 레코드들은 재즈 역사상 불후의 명연주로 꼽히고 있다.

루이 암스트롱은 1932년 악단을 조직한 후 여러 차례 유럽 공연으로 큰 성공을 거두었고 1947년에는 악단 "올스타All Star"를 결성하여 세계 각지를 순회 공연하였는데 1963년에는 서울 워커힐 호텔을 방문하여 2주간 공연을 하기도 하였다. 그는 1971년 심장 마비로 죽기 전까지 방송과 무대 공연을 하여 재즈 발전과 대중화에 크게 공헌하였다.

공원 아치Arch 정문을 지나서 마주한 암스트롱의 동상은 왼손에 색소폰을, 오른손에는 땀을 닦았던 손수건을 들고 있었는

↑ 뉴올리언스 루이 암스트롱 공원에 있는 그의 동상(왼쪽)과 공원의 콩고광장에 있는 부조

데 지금도 재즈 역사에서 전설적인 음악인으로 추앙받고 있는 그의 늠름한 기품을 느낄 수 있었다.

동상을 구경하고 입구 왼쪽으로 조금 가니 콩고광장Congo Square이 나타났다. 콩고광장에 세워놓은 붉은 안내판에는 1803년경부터 아프리카 노예들이 일요일 오후 이곳에 모여 드럼 연주, 춤, 노래 등으로 그들의 고단한 삶을 위로해왔고 물건을 사고팔기도 하였던 곳으로 1819년경에는 500에서 600명이 모였었다고 적혀있었다. 이 광장에 설치해놓은 부조浮彫

에는 15명의 흑인 남녀가 드럼 연주와 노래를 하며 춤을 추는 흥겨운 모습이 새겨져 있었다. 부조에 다가가 살펴보니 그동안의 피로와 근심을 모두 잊고 무아지경에 빠져 춤추고 노래하는 흑인들의 모습이 실제와 같이 묘사되어 있었는데 근처 커다란 나무 아래 벤치에 앉아 잠시 쉬고 있는 때에도 그들의 노래와 연주 소리가 들려오는 것 같았다.

다음 일정은 암스트롱 공원과 잭슨 광장 중간, 버번 스트리트Bourbon St.와 세인트 피터 스트리트St Peter St. 사이에 있는 프리저베이션 홀Preservation Hall에서 오후 6시 15분부터 45분간 재즈 라이브 공연을 감상하는 것이었다.

프리저베이션 홀은 20세기 초 뉴올리언스에서 발전한 전통 재즈(딕시랜드 재즈)를 보존하기 위하여 250년 된 창고를 개조하여 만든 공연장이다. 1961년부터 매일 재즈공연을 해오고 있어 뉴올리언스 재즈의 고향이자 성지로 일컫고 있다.

이 공연장은 60여 명이 들어갈 수 있는 좁은 공간으로 객석을 맨 앞줄 좌석, 일반 좌석, 입석 등 세 종류로 구분하여 표를 팔고 있었는데 미국 여행 전 4월 말에 인터넷을 통해 맨 앞줄 좌석표를 예매하였었다.

뉴올리언스 재즈는 19세기 말에서 20세기 초에 프랑스인과 흑인 노예의 혼혈인 크레올creole에 의해 조직되었던 악단들에

↑ 뉴올리언스 프렌치 쿼터의 프리저베이션 홀 입장 대기자들

의해서 발전되었는데 그들은 흑인의 단순한 형태의 음악에 유럽적인 기법이 섞인 음악을 결합하여 연주하였고 1900년에서 1925년 사이에 전성기를 이루었다.

지금도 버번 스트리트를 중심으로 프렌치 쿼터 여러 곳에 수준급의 음악가들이 연주하는 재즈를 들을 수 있는 카페나 나이트클럽이 많이 있다.

프리저베이션 홀 공연 시간까지는 여유가 있어 카페에서 시원한 얼음과자(셔벗sherbet)를 먹으며 대화를 나누다가 오후 5시 30분경 공연장으로 가니 많은 사람이 줄을 서서 기다리고 있었다. 작지만 고풍스럽고 아늑한 공연장 안으로 들어가 맨 앞줄 우측에 앉았는데 맨 뒤에 서서 공연을 보려는 관객들도 많이 들어와 있었다. 공연 중에는 사진을 찍을 수 없어 무대 사진을 미리 찍고 조금 기다리니 6명의 나이 든 연주자들이 들어왔다. 이들은 트롬본, 코넷(트럼펫과 비슷한 악기), 클라리넷, 콘트라베이스, 피아노, 드럼 등 악기를 연주하며 "왓 어 원더풀 월드What a Wonderful World", "조지아 온 마이 마인드Georgia on My Mind" 등의 노래를 불렀다.

1m 정도 앞에서 라이브 공연을 보니 노래와 음악에 더욱 심취할 수 있었는데 다른 관객들과 함께 한 곡이 끝날 때마다 열렬한 박수를 보냈다. 공연이 끝나자 관객들은 연주자들과 사진을 찍고 대화도 나누었는데 우리 팀원들은 저녁 식사를 하기 위해 서둘러 밖으로 나왔다.

점심때 가기로 계획하였었으나 소나기가 내려 저녁 식사 장소로 미뤄두었던 굴 요리 식당 아크메 오이스터 하우스Acme Oyster House로 향하였다. 이 굴 요리 식당은 1910년 개업하여 뉴올리

↑ 뉴올리언스 프렌치 쿼터의 프리저베이션 홀 공연장

언스 굴 요리 전문점의 대명사라 불릴 정도로 인기가 높으며 특히 숯불 굴구이가 유명하다. 모처럼 굴 요리로 저녁 식사를 맛있게 할 것을 기대하며 오후 7시 20분경 식당에 도착하였으나 7시에 "영업 종료closed"란 표지판이 출입구에 걸려있었다. 이 식당의 평상시 영업시간은 일요일부터 목요일까지는 10시 30분부터 오후 10시까지이고 금요일과 토요일은 10시 30분부터 오후 11시까지이었다. 코로나바이러스 감염증-19의 확산으로 관광객이 줄어든 영향에서 아직도 회복되지 못한 것 같았다.

허탈한 심정으로 부근에 있는 식당 몇 곳을 둘러보았으나 모두 문을 닫은 상태이었다. 가까이에 있는 숙소 호텔La Quinta by

Wyndham로 가서 데스크 직원에게 늦게까지 "영업 중Open"인 식당을 확인하고 버번 스트리트Bourbon St.와 컨티 스트리트Conti St. 사이에 있는 "오세아나Oceana"를 찾아가니 오후 8시가 조금 넘은 시간이었다. 식당 구석에 마침 빈자리가 한 곳 생겨 간신히 자리를 잡고 나서 메뉴판을 보니 굴 요리도 있었으나 하루 내내 걸어 다녀 피곤하고 배도 고파 빨리 나올 수 있는 "스페셜Special" 메뉴로 주문하였다. 잠시 후 생선튀김과 으깬 감자, 데친 양상추, 콜라 등을 종업원이 가져다주어 팀원들은 순식간에 큰 접시를 깨끗이 비웠다. 뉴올리언스에 하루 머물다 보니 이곳의 명물 음식을 파는 식당들로 소문난 프랑스식 네모난 도넛 "베이넷Beignets"을 파는 카페 드 몽Cafe Du Monde, 뉴올리언스식 해물 수프 "잠발라야Jambalaya를 파는 검보 숍Gumbo Shop 등에 들리지 못한 것이 못내 아쉬웠다.

저녁 식사를 마치고 버번 스트리트Bourbon St.로 나오니 각양각색의 네온사인과 건물에서 나오는 불빛 사이로 인파가 길을 가득 메우고 있었다. 길 양쪽으로는 음식점, 라이브카페, 기념품 가게, 나이트클럽, 스트립쇼 극장 등이 줄지어 있고 여기저기서 들려오는 재즈 악단들의 연주와 노래는 관광객들의 흥을 돋우고 발걸음을 멈추게 하였다. 숙소 호텔 쪽으로 걸어가다 보니 길거리에서 재즈 악단이 공연하고 있었다. 10여 명의 공

뉴올리언스 버번 스트리트의 밤 풍경

연팀으로 5명은 트럼펫, 트럼본, 색소폰 등 악기를 연주하고 5명 내외의 인원은 춤을 추거나 노래를 부르고 있었다.

많은 사람이 공연팀 앞에 서서 음악을 감상하고 있었으나 우리 팀원들은 3시간여 전에 프리저베이션 홀에서 재즈공연을 감상하였기에 사진만 찍고 버번 스트리트를 떠났다.

뉴올리언스는 재즈 카페, 유람선, 나이트클럽 등 실내에서는 프로들이, 거리 곳곳에서는 아마추어 재즈 음악가들이 공연하는 도시, "재즈의 고향"이라는 것을 확인한 하루였다.

잭슨빌

DAY 18

DAY 18

JACKSONVILLE

뉴올리언스를 떠나 잭슨빌까지

뉴올리언스를 떠나 플로리다 북쪽 도시 잭슨빌Jacksonville까지 890여km(557마일)를 가는 일정이었다.

아침에 출발 준비를 하고 차를 주차해 놓은 호텔 옆 주차 빌딩으로 갔다. 차 열쇠를 가지고 운전석 쪽으로 먼저 간 박석찬 사장이 유리창에 스티커sticker가 붙어있다고 하였다.

스티커는 "이동금지 안내문Immobilization Notice"으로 주차료($25.00)와 과태료($90.00)를 합한 금액($115.00)을 내야 한다고 적혀있고 운전석 뒷바퀴에 시건장치가 장착되어 있었다.

이틀 전 호텔에 도착하여 주차장은 옆 빌딩에 있다는 직원의 말을 듣고 주차하였으나 이곳이 공영주차장으로 주차료가 선납인 것을 몰라 발생한 문제이었다.

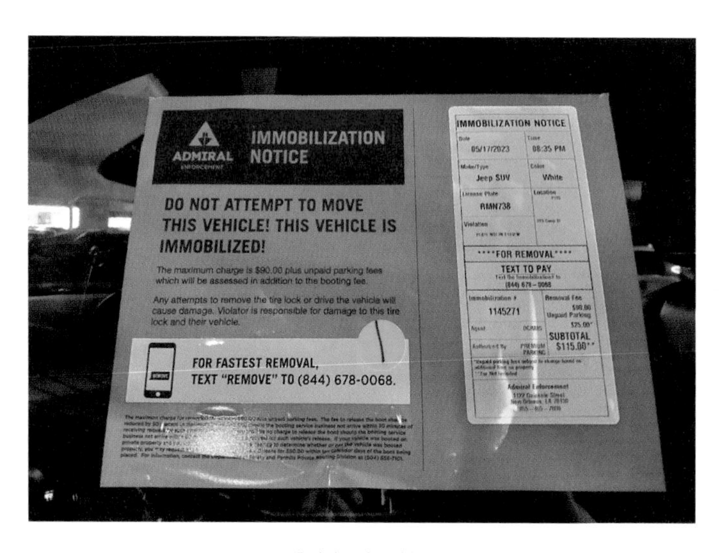

↑ 뉴올리언스 라 퀸타 호텔 옆 공영주차장의 스티커(이동금지 안내문)

호텔 데스크로 가서 지배인에게 문제 상황을 설명하고 도움을 청한 후 함께 주차장으로 갔다.

필자의 핸드폰으로 주차장 관리소 전화번호로 문자 메시지를 보내라고 되어있으나 필자의 핸드폰은 미국 여행을 오며 해외 로밍roaming 서비스를 신청하지 않아 연결할 수 없었다.

할 수 없이 호텔 지배인의 핸드폰에 필자의 인적 사항과 마스터카드 번호를 입력하여 주차 관련 미납 금액을 결제하였다. 미납 금액을 결제하고 나니 뒷바퀴 시건장치 해제번호 "55"를 보내왔다.

그러나 시건장치에 "55"를 입력한 후 좌우로 당겨도 잠금

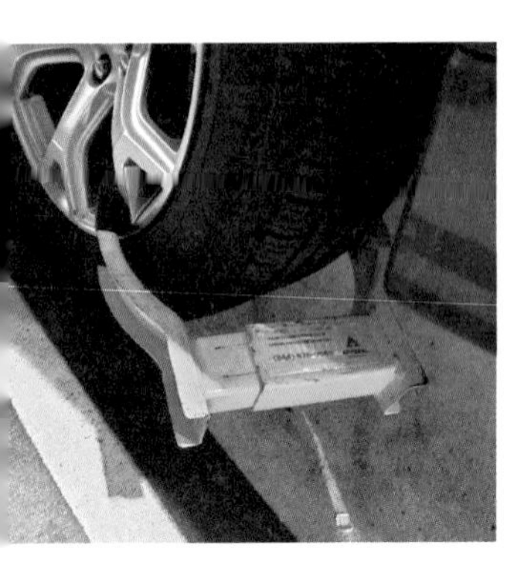

↑ 주차료 미납으로 뒷바퀴에 장착된 시건장치

이 풀리지 않았다.

주차장 관리소로 전화하니 15분 정도 지나 관리인이 와서 시건장치를 아래로 밀고 나서 좌우로 당기니 그제야 잠금이 풀렸다.

호텔 지배인의 적극적인 도움에 사례를 하고자 하였으나 지배인은 극구 사양하였고 "주한 미군으로 대구와 동두천에서 2년간 근무하였다."라며 한국인을 만난 것이 반갑고 도움을 준 것이 즐거웠다고 하였다.

주차료 미납에 따른 뒷바퀴 시건장치 해제에 1시간 30여 분이 걸려 9시 40분에야 뉴올리언스 호텔을 떠났다.

잭슨빌까지 이어진 10번 고속도로에 들어가 조금 가니 커다란 호수가 나타나고 호수 위 놓인 다리에서 좌, 우측의 드넓은 수면을 감상하며 한참을 신나게 달렸다.

이 호수는 폰차트레인호수Lake Pontchartrain로 이 호수 한가운데를 남북으로 연결하는 다리인 커스웨이 브리지Causeway Bridge는 38.35km로 2011년 중국 산둥성山東省 칭다오靑島의 자오저우완 대교膠州灣大橋(41.58km)가 개통되기 전까지는 세계에서 가장 긴 다리이었다.

↑ 뉴올리언스 폰차트레인호수 위 10번 고속도로 차창 앞 경치

뉴올리언스에서 시간 여유가 있으면 커스웨이 브리지를 한 번 건너가 보는 것도 멋진 경험이겠지만 다음 기회로 미룰 수밖에 없었다.

점심은 고속도로변 식당에서 햄버거와 콜라로 간단히 먹고 잭슨빌 한식당에 도착하니 오후 8시 40분이나 되었다.

저녁으로 곱창찌개, 육개장 등을 들었는데 특히 김치가 아주 맛있었다. 김치가 맛있다고 하니 식당 여사장은 작년(2022년) 4월 우리나라 종합격투기 선수 "정찬성" 일행이 잭슨빌에서 열린 UFC 273 페더급 챔피언 타이틀전을 치르러 와 이식당에서 김치를 3통이나 먹고 한 통은 사서 가져갔다고 자랑하였다.

나중에 자료를 검색해 보니 4월 10일 열린 타이틀전에서 정찬성은 호주의 알렉산더 볼카노프스키에게 4라운드 TKO패를 당하였다.

마이애미

DAY 19 DAY 20 DAY 21

DAY 19

MIAMI

잭슨빌에서 마이애미 해변으로

어제 뉴올리언스에서 잭슨빌까지 890여km를 11시간 동안 오느라 피곤해서인지 아침에 조금 늦게 일어났다.

그러나 오늘도 마이애미 해변까지 약 540km를 가서 대서양 일몰을 보기로 하여 서둘러 숙소를 출발하였다.

원래는 마이애미로 가는 고속도로로 1시간쯤 거리에 있는 세인트 오거스틴St. Augustine의 "해적과 보물 박물관Pirate and Treasure Museum"에 가기로 계획하였었으나 팀원들이 관심을 보이지 않아 취소하였다.

이 박물관에는 대서양 연안을 휩쓴 대해적 검은 수염Blackbeard의 나팔 총, 세상에서 두 개뿐인 졸리 로저Jolly Roger(해골에 뼈 2개를 교차시킨 그림의 해적 깃발) 진품 중 하나, 세계 유일의 해적 진품 보물상자, 해적 관련 무기와 보물, 글과 그림 등을 볼 수 있다고 한다.

점심은 팜 베이Palm Bay의 중식당에서 볶음밥과 완탕으로 들고 95번 고속도로로 다시 진입하였으나 마이애미가 가까워질수록 도로 정체가 심하였다. 금요일 오후라서 마이애미 휴양지로 가는 차들이 고속도로로 몰렸기 때문인 것 같았다.

오후 5시경 마이애미 숙소에 도착하여 체크인Check-in하고 해변에서 대서양 일몰을 보며 저녁 식사를 할 수 있는 식당으로 갔다.

호텔직원이 추천해준 해산물 요리 전문 식당 "몬티의 석양Monty's Sunset"으로 가니 식당 야외 바bar에서는 벌써 사람들이 모여 파티를 열고 있었다.

정박해 있는 요트들이 보이는 창가에 앉아 뉴올리언스에서 먹기로 하였으나 맛보지 못한 생굴(12개), 껍질 벗긴 새우(6개), 참치 덮밥 등을 주문하여 저녁 식사를 하였다.

생굴은 굴 껍데기 반쪽에 올려져 나왔으나 크기가 작고 신선도도 크게 높아 보이지 않았다.

↑ 마이애미 해변 "몬티의 석양" 식당의 파티 모습

뉴올리언스에서부터 기대가 너무 컸었고 한국에서 먹던 생굴과 비교하였기 때문인지 맛있다는 생각이 별로 들지 않았다.

일몰 시각이 오후 8시경이라고 하여 식사를 마친 후 해변을 산책하며 한 시간 정도 기다렸다.

요트들이 수없이 정박해 있고 그 앞과 뒤쪽으로는 대서양이 보이는 높은 건물들이 줄지어 있어 이곳이 세계에서 손꼽는 휴양지란 것을 실감하였다.

"몬티의 석양" 식당이 남부 플로리다에서 가장 아름다운 일몰을 볼 수 있는 사우드 비치South Beach 최고의 장소라고 홍보하

↑ 마이애미 해변 "몬티의 석양" 식당 앞 일몰 풍경

고 있었으나 이날은 구름이 많고 흐린 날이라 해가 지는 멋진 경치를 구경하지 못하였다.

MIAMI

미국 최남단 도시 키웨스트

마이애미에서 미국 최남단 도시 키웨스트Key West를 다녀오는 날이었다. 그러나 키웨스트로 출발하기 전 자동차 정비소car center에 우선 가야 했다.

5월 18일, 그제 오후 뉴올리언스에서 잭슨빌로 올 때 외부에서 날라 온 작은 물체(돌?)가 렌터카 앞 유리 가운데 부딪쳐 큰 소리가 났고 유리가 동그랗게 금이 갔었다.

운행 중에 금이 간 부분이 깨지거나 더 확장되어 위험한 상황이 발생할 수 있다고 생각되어 정비소에 가야 했으나 어제는 마이애미까지 장거리 이동을 해야 했기에 오늘로 미루었었다.

구글Google 검색창에서 숙소 가까이 있는 "일본 카 케어

Japanese Car Care"를 찾아 8시 30분경 그곳으로 갔다.

9시에 영업 시작open이라서 앞에 차 3대가 먼저와 대기하고 있었으나 박석찬 사장이 정비소 사무실에 가서 우리 렌터카의 수리 필요성 여부를 확인 요청하였다.

정비소 직원이 와서 렌터카 앞 유리 금 간 곳을 살펴보더니 현 상태로 뉴욕까지 가는데 "문제 없다No Problem"라고 말하였다. 렌터카 점검 비용을 얼마 내야 하는지 물었더니 웃으며 "무료free"라 하였는데 영업 시작 전에 점검해준 것은 우리 팀원들을 일본인으로 여긴 것이 아닌지 하는 생각이 들었다.

세계적인 관광 휴양 도시 키웨스트는 길이 6.4km, 너비 3.2km의 작은 섬으로 마이애미에서 약 250km, 쿠바의 수도 하바나에서는 140km의 거리에 있다.

키웨스트는 플로리다반도에서 수심이 얕은 산호초 바다에 있는 섬들을 42개의 다리로 연결한 약 170km의 "오버시스 하이웨이Overseas Highway"란 도로로 가는데 이 도로는 환상적인 드라이브 코스로 미국에서 가장 아름다운 고속도로 중 하나로 알려져 있다.

이 도로의 42개 다리 중 가장 긴 다리는 "세븐 마일 브리지Seven Mile Bridge"로 길이는 약 11km에 달하는데 오른쪽으로는 멕시코만, 왼쪽으로는 대서양을 바라보며 바다 위를 달린다.

↑ 세븐 마일 브리지

자동차 정비소를 떠나 미국 1번 국도를 따라가다 보니 양쪽으로 바다가 나타났다.

야자나무 아래 호화로운 리조트 시설, 흰 구름과 푸른 바다 위 작은 섬들, 섬 사이를 달리는 수상 스키 등 아름다운 경치를 감상하며 가다 보니 시간 가는 줄 몰랐다.

특히 세븐 마일 브리지는 바다를 가르며 용궁으로 가는 직선 도로를 달리는 기분이었다.

그래도 중간에 교통 체증, 공사 구간 등으로 마이애미에서 출발한 지 약 4시간이 지난 오후 1시경에 키웨스트 식당 "마이티 콕Mighty Cock" 옆 공영주차장에 도착하였다.

점심으로 통닭(반 마리)구이, 콩 샐러드, 콜라 등을 주문하여 들었다. 키웨스트에는 닭이 많다고 한다. 그 이유는 예전 키웨스트에서 닭싸움 도박이 성행하여 여러 집에서 닭을 사육하였는데 1980년대 닭싸움이 법으로 금지되었고 닭 주인들이 닭을 자연에 방사하였기 때문이라고 한다.

점심을 든 식당은 닭요리를 전문으로 하여 수탉 모형을 만들어 식당 앞에 세워놓고 수탉을 새긴 티셔츠, 내복 등도 팔고 있었다.

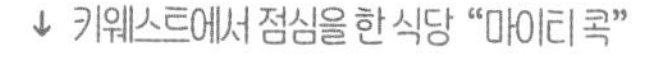
↓ 키웨스트에서 점심을 한 식당 "마이티 콕"

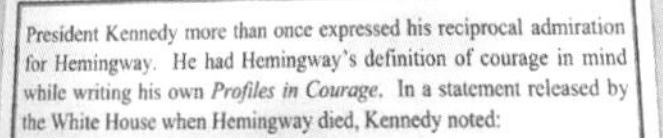

President Kennedy more than once expressed his reciprocal admiration for Hemingway. He had Hemingway's definition of courage in mind while writing his own *Profiles in Courage*. In a statement released by the White House when Hemingway died, Kennedy noted:

Few Americans have had a greater impact on the emotions and attitudes of the American people than Ernest Hemingway.... He almost singlehandedly transformed the literature and the ways of thought of men and women in every country in the world.

↑ 헤밍웨이 집필실의 타자기와 책

← 헤밍웨이 사진, 아래는 케네디 대통령의 찬사

점심을 하고 나서 "어니스트 헤밍웨이 집The Ernest Hemingway Home & Museum"으로 걸어갔다. 이 집은 1851년에 지어졌는데 1931년 헤밍웨이 소유가 되었고 그의 두 번째 부인 폴린 파이퍼Pauline Pfeiffer와 1939년까지 함께 생활한 곳이다.

이곳에서 헤밍웨이(1899~1961년)는 "킬리만자로의 눈"(1936년), "누구를 위하여 종을 울리나"(1940년) 등을 집필하였고 키웨스트 바다 사람들과 어울려 낚시를 즐기며 그의 대표작 "노인과 바다"(1952년)의 영감을 얻었다고 한다.

1인당 $18의 입장료를 내고 들어가 2층인 본관과 별관을 관

↑ 헤밍웨이 집 침대에서 낮잠 자는 고양이

람하였다.

본관에 있는 샹들리에, 수납함, 소파, 식탁, 침대 등은 고급스러웠는데 이 집에 있는 가구의 대부분은 부인 폴린 파이퍼가 프랑스 파리에서 가져온 것이라고 한다.

벽에는 이 집에서 쓴 그의 소설을 영화로 만든 "킬리만자로의 눈", "누구를 위하여 종을 울리나" 등의 영화 포스터, 헤밍웨이와 그의 가족사진, 보트 낚시 사진 등이 걸려있었다.

2층 침대에서는 고양이 한 마리가 베개 옆에서 몸을 웅크리고 낮잠을 자고 있었다.

HemingwayHome.com

↑ 키웨스트에 있는 "어니스트 헤밍웨이 집"

이 집에는 고양이들이 많았는데 이들은 헤밍웨이가 키우던 고양이들의 후손이라고 한다.

별관으로 가기 전 오른쪽에 있는 흰색의 큰 수영장은 키웨스트에서 처음으로 개인 주택 안에 지어진 수영장으로 푸른 야자수, 소철 등에 둘러싸여 있어 아름다웠다.

별관 2층에 있는 헤밍웨이의 집필실은 널찍하였는데 탁자 위에는 그가 90여 년 전 사용하던 타자기가 그의 빈자리를 지키고 있었다.

헤밍웨이 집을 나와 미국 최남단 지점Southernmost Point에 세운 약 5.5m(18 feet)의 콘크리트 표지물을 보기 위해 5블록을 걸어갔다.

섭씨 32도 더위에 땀을 흘리며 미국 최남단 지점 표지물에 도착하니 붉은색과 검은색의 원통형 표지물이 시원하게 탁 트인 대서양을 배경으로 설치되어 있었다.

그 앞에서 사진을 찍으려고 30여 명이 줄을 서서 기다리고 있기에 최남단 지점 표지물만 카메라에 담고 인근 카페로 찾아가 냉커피로 더위를 식혔다.

미국 최남단 지점 표지물에서 화이트헤드 스트리트Whitehead St.를 따라 서쪽으로 가면 키웨스트 일몰sunset 명소인 맬러리

↑ 키웨스트의 미국 최남단 지점 표지물

광장Mallory Square이 나오는데 일몰 1시간 전부터 부둣가에 사람들이 진을 치고 앉아 있다고 한다.

그러나 일몰 시까지는 오래 기다려야 하고 일몰을 보고 키웨스트를 출발하면 마이애미에 자정이 넘어 도착이 예상되어 일몰 구경을 포기하고 점심 식당 옆 주차장으로 걸어갔다.

오후 4시20분경 키웨스트를 출발하여 마이애미로 돌아가면서 본 약 170km의 "오버시스 하이웨이Overseas Highway" 주변 경치는 키웨스트로 갈 때보다 더 아름다웠다.

↑ 현 세븐 마일 브리지(왼쪽)와 올드 세븐 마일 브리지(오른쪽)

오전에 보았던 경치이기에 친근감이 있고 자세하게 볼 수 있기 때문인 것 같았다.

흰 구름과 요트 위를 나는 바닷새, 걷기대회 참가선수들이 삼삼오오 걸어오는 세븐 마일 브리지, 올드 세븐 마일 브리지의 줄 지어 선 교각들 등은 차창 밖 멋진 경치이었다.

세븐 마일 브리지 왼쪽에 보이는 "올드 세븐 마일 브리지 Old Seven Mile Bridge"는 1912년에 플로리다 동부 해안 철도의 한 구간으로 건설되었다.

그러나 1935년 허리케인으로 파손되어 자동차 도로로 재단장하여 사용되었고 1982년 현 세븐 마일 브리지 완공 후 도보나 자전거 길로만 사용하고 있다고 하였다.

키웨스트에서 조금 일찍 출발하였고 마이애미로 온 길은 차량 정체가 없어 마이애미 한식당에서 불고기와 라면 등으로 저녁 식사를 마쳤는데도 오후 8시밖에 되지 않았다.

DAY 21

MIAMI

비스카야 박물관과 마이애미 해변

마이애미 비스케인만Biscayne Bay 바닷가의 호화 저택이었던 비스카야 박물관과 마이애미 해변을 찾아가는 날이었다.

비스카야 박물관과 정원Vizcaya Museum & Gardens은 시카고Chicago 사업가로 농업이 수작업으로 이루어지던 시대에 농기구 기계로 농업 혁신을 이루며 백만장자가 된 제임스 디어링James Deering의 겨울 별장이었다.

약 3만 5천 평 부지에 세워진 이탈리아 건축 양식의 3층짜리 이 건물은 방이 70개나 된다. 3명의 설계자와 1,000명의 기술자, 노동자를 동원하여 1914년부터 2년에 걸쳐 지었다고 하는데 1916년 당시 마이애미 인구가 1만 명이었으므로 10% 정도가 동원된 셈이었다.

↑ 마이애미 비스카야 박물관과 정원

독신이었던 제임스 디어링이 비스카야에서 거주한 기간은 1916년에서 죽은 해인 1925년까지로 겨울에만 이용한 것이니 사실상 그가 이곳에서 생활한 기간은 그리 길지 않았다.

그가 죽은 후 비스카야는 조카들에게 넘어갔다가 1952년에 마이애미시에서 매입하여 박물관으로 개관하였다.

아침 9시50분경 비스카야에 도착하여 입장권(1인당 $25.00)을 산 후 경내로 들어가 박물관 남쪽에 조성된 정원부터 둘러보았다.

넓은 정원은 산책로를 제외하고는 조경수, 화초, 연못, 분수, 조각품과 석조물 등으로 가득 채워져 아름답고 우아한 분위기를 연출하고 있었다.

정원 끝에서 계단을 올라가니 오스트리아의 쇤브룬 궁전 정원 뒤 잔디 언덕 위에 있는 글로리에테gloriette와 비슷하나 크기가 작은 건축물이 앞에 보였다. 더위를 피하거나 커피 다과 등을 들며 쉴 수 있는 좁은 공간이나 아담하게 세워져 있었다.

언덕 아래 호수에는 맹그로브mangrove 나무가 우거져 있고 호

↓ 마이애미 비스카야 정원 남쪽 언덕 위에 있는 건축물

↑ 비스카야의 맹그로브 연못가의 악어(왼쪽)와 맹그로브 나무아래 이구아나들

수로 내려가는 계단에는 악어가 한가로이 일광욕을 즐기고 있었다. 맹그로브 나무 아래 돌담 위에는 이구아나green iguana가 3마리나 보여 이곳이 아열대 지역이라는 것을 실감할 수 있었다. 이번 미국 여행계획을 수립하며 마이애미에서 하루를 더 머무르며 남서쪽으로 50km 거리에 있는 에버글레이즈 국립공원Everglades National Park을 가기로 하였었다.

그러나 디즈니 월드Disney World가 있는 올랜도Orlando를 추가하며 에버글레이즈 국립공원은 여행 일정에서 제외되었다.

에버글레이즈 국립공원에서는 에어보트airboat를 타고 늪지대의 야생 악어를 구경하는 투어가 가장 인기 많은 프로그램인데 이곳 비스카야에서 악어, 이구아나 등을 보니 에버글레이즈

국립공원에 가지 못한 아쉬움을 조금 덜 수 있었다

뒤로 돌아서서 비스카야 건물을 바라보았는데 푸른 하늘 흰 구름 아래 아름다운 정원과 함께 유럽 왕궁과 같다는 생각이 들었다. 언덕을 내려와 아기자기하게 조성해놓은 정원을 구경하다가 시크릿가든Secret Garden으로 부르는 곳을 내려다보니 한 여성이 왕관과 예쁜 드레스를 입고 사진을 찍고 있었다.

비스카야는 고풍스럽고 아름다워 결혼 기념사진이나 화보 영상을 찍는 명소로 알려져 있고 영화 "위대한 유산Great Expectations"(1998년)과 "아이언맨 3Iron Man 3"(2013년)을 이곳에서 촬영하였다고 한다.

3층 건물 안으로 들어가니 응접실, 거실, 침실, 음악실, 회의실 등 여러 방에는 최고급의 샹들리에와 촛대, 가구, 도자기, 시계, 초상화 등이 채워져 있었고 벽과 천장에도 각종 문양, 색상으로 화려하게 꾸며져 있었다.

1층의 난초와 나뭇잎으로 둘러싸인 분수대 조각과 그 앞 마름모꼴 무늬의 입체감 있는 복도는 실내 조형예술의 높은 경지를 보여주고 있었다. 2층의 상투 튼 하인 조각상, 용무늬 도자기 등이 있는 중국풍의 회의실과 각종 조리기구를 비치해 놓은 주방도 인상적이었다.

건물 동쪽 입구를 통해 테라스로 나가니 파란 하늘과 흰 구름 아래 비스케인만과 선박 모형의 선착장이 눈에 들어왔다.

← 비스카야 2층의 방(일부)

↓ 마이애미 비스카야의 선착장

이곳의 주인 제임스 디어링이 결혼하여 오는 부인, 파티에 참석하는 손님 등이 배를 타고 왔을 때 맞이하기 위해 지었을 선착장의 아름다움에 한참을 우두커니 서서 바라보았다.

1시간가량 비스카야 박물관과 정원을 구경하고 점심을 하러 갔다. 내비게이션 검색창에 "마이애미 푸드마켓"을 입력하고 다리를 건너 마이애미 비치 쪽으로 갔으나 목적지에 도착하여 둘러보아도 식당을 찾을 수가 없었다.

나중에 "푸드마켓"은 식당이 아니라 식료품, 간편 가공식품, 음료수 등을 파는 가게인 것을 알게 되었고 주차장 옆 창고 같은 큰 건물 내에 푸드마켓이 있었던 것 같았다.

다시 식당(레스토랑)을 검색하여 내비게이션에 입력 후 마이애미 항구 옆 베이사이드 마켓플레이스Bayside Marketplace의 쇼핑몰 2층에 있는 식당 "라 카니타La Canita"로 갔다.

큰 식당 안에는 손님이 가득하였고 라이브 밴드가 악기를 연주하며 노래를 부르고 있었다.

모처럼 고급 식당에서 생선구이, 해물탕 등으로 점심을 맛있게 들었는데 식대도 $225.00(팁 포함)을 내서 이번 여행 중 가장 비싼 식사였다.

점심 식사 후 식당 동쪽 복도로 나가니 마이애미 항에 정박

↑ 마이애미 베이사이드 마켓플레이스 쇼핑몰 2층의 "라 카니타" 식당

하고 있는 많은 요트와 붉은 지붕의 커다란 크루즈 선이 보였다.

마이애미 항은 세계에서 크루즈의 중심지로 카리브해와 대서양 건너 유럽으로 가는 크루즈 선이 주로 출발하는데 2023 회계연도(2022.10.1 ~ 2023.9.30)에 729만 9천 명의 크루즈 승객을 맞이하였다고 발표하였다.

2024년 1월 공식 운항을 시작한 세계에서 가장 큰 크루즈 선인 "아이콘 오브 더 씨즈Icon of the Seas"도 마이애미에서 첫

출항을 하였는데 이 배는 길이가 365m, 폭이 66m, 무게가 25만 톤, 선실 2,805개, 승무원 2,350명으로서 승객이 7,600명이나 탑승할 수 있다고 한다.

이곳 마이애미 항에서는 인기 있는 투어로 비스케인만에 있는 세계적인 유명 인사들의 호화 별장들을 배 위에서 1시간 30분 정도 구경할 수 있는 유람선이 출발한다고 한다.

그러나 오후에는 마이애미 비치에서 휴식을 취하기로 계획

↓ 마이애미 항에 정박 중인 요트와 크루즈 선

되어 있어 유람선 탑승은 다음 기회로 미루고 마이애미 비치의 사우드 비치South Beach로 향하였다.

마이애미는 1월 평균 기온이 섭씨 20도이고 최저 평균 기온도 18도를 넘어 겨울이더라도 바다에서 수영할 수 있을 정도로 온난하다.

겨울이면 미국 북부 지역인 뉴욕, 시카고, 보스턴 등지에서 추위를 피해 별장에서 지내기 위해 오거나 휴가를 오는 이곳은 미국에서 가장 선호하는 휴양 도시이다.

마이애미 비치는 비스케인만과 대서양 사이의 섬으로 동쪽에 길이 16km에 달하는 백사장이 이어져 있는데 가장 많이 찾는 지역이 남쪽 사우드 비치이다.

맥아더 코즈웨이Mac Arther Causeway 다리를 건너 마이애미 비치의 오른쪽 백사장을 따라 북쪽으로 난 길 오션 드라이브Ocean Dr.로 갔다.

그러나 백사장 근처를 몇 블록 돌며 주차 공간을 찾았으나 공간이 없어 서쪽으로 4블록 떨어진 워싱턴 애비뉴Washington Ave.까지 가서야 간신히 사설 주차장에 주차할 수 있었다.

이곳에 오며 5월 하순 더운 날씨라서 관광객이나 수영하는

↑ 마이애미 비치에서 (왼쪽부터 박석찬 사장, 필자, 홍찬국 국장)

사람들이 해변에 많을 것이라 예상하였었는데 파라솔은 모래밭 입구에 조금 있고 그 앞 물가까지는 오가거나 앉아 있는 사람들이 드문드문 있었다.

코로나바이러스 감염증-19의 확산으로 관광객이 줄어든 불황에서 아직도 회복되지 못한 현장을 뉴올리언스의 굴 요리 전문 식당 "아크메 오이스터 하우스Acme Oyster House"의 오후 7시 영업 종료closed 이후 두 번째로 실감하였다.

모래밭 파라솔 아래에는 가족, 연인, 친구들끼리 수영복 차림으로 한가로이 쉬고 있었고 바다에는 파란 하늘 흰 구름 아래 여기저기 들어가 있는 수영객들과 요트들이 보였다.

티셔츠를 입은 채로 대서양 바다에 들어가 밀려오는 파도에 몸을 맡기니 그동안 쌓였던 피로가 물결을 따라 풀려나가는 것 같았다.

손을 잡고 물속에 들어와 있는 옆 노부부가 행복해 보였고 수평선을 배경으로 쏜살같이 달리고 있는 요트 안 청년들도 젊음을 만끽하는 모습이었다.

숙소 호텔로 가서 샤워하고 옷을 갈아입은 후 젖은 옷과 10일간 모아둔 세탁물을 가지고 인근에 있는 빨래방laundromart으

↓ 마이애미 비치 바다에 들어간 필자(오른쪽)

로 갔다.

5월 11일 센나페이 세탁소에서 코인coin으로 세탁해보았기에 이번에는 세제 구매, 빨래, 건조 등 절차를 손쉽게 끝냈다.

호텔로 돌아오는 길에 "스시 카페와 신라 한식 바비큐Sushi Cafe & Shilla Korean BBQ"에서 저녁 식사를 하였다.

마이애미 공항 근처에 있는 이 식당은 일식과 한식을 함께 들 수 있어 마이애미로 오는 일본인, 한국인 관광객들이 많이 찾아가는 곳이었다.

회덮밥, 김치찌개 등을 각자 주문하여 맛있게 들었다.

올랜도

DAY 22

ORLANDO

케네디 우주 센터를 거쳐 올랜도로

디즈니 월드가 있는 올랜도로 가는 길에 케네디 우주 센터를 들르는 날이었다.

호텔에서 나와 95번 고속도로를 타고 북쪽으로 올라가야 하는데 월요일 아침 출근 시간대라서 교통정체가 심하였다.

게다가 유료도로가 있어 통행료를 내야 하나 E-pass를 사지도 않았고 통행료 내는 곳으로 차선 변경도 어려워 통행료를 내지 못하고 톨게이트를 지나갔다.

나중에 워싱턴 DC에서 보스턴 간 고속도로도 대부분 유료도로이었고 고속도로 통행료를 내지 못한 곳이 몇 곳 있었는데 귀국 후 렌터카 회사에서 미납통행료 13만 1,893원(약 $100)을 이메일로 청구하여 결제하였다.

↑ 케네디 우주 센터의 NASA 마크 표지물 앞의 관광객 가족

케네디 우주 센터Kennedy Space Center는 미국 항공우주국NASA이 1962년 플로리다 케이프 커내버럴의 메릿 섬Merritt Island에 설치한 우주선 발사 시설과 발사 통제센터인데 올랜도에서 동쪽으로 56km 거리에 있다.

이곳은 마이애미로 갈 때나 올랜도로 올라올 때 잠시 들리기로 하여 입장권을 예매하지 않았었으나 제대로 구경하려면 하루도 시간이 부족하다고 한다.

케네디 우주 센터에 도착하여 1일 사용 입장권($75.00/인)을 사서 들어가니 여러 로켓 모형을 실물 크기로 전시하고 있는 로켓 정원Rocket Garden이 나타났다.

로켓 정원의 전시품 중 2021년 이곳에 전시한 청록색 로켓 Delta 2가 유일하게 실제 로켓이라고 한다.

여러 로켓이 우뚝 서 있는 것들을 보니 이곳이 우주 센터란 것을 실감하였다.

로켓 정원을 지나 앞에 있는 게이트웨이 관GATEWAY 館으로 들어갔으나 오후 1시가 너머 점심 식사부터 해야 했다.

건물 안쪽에 있는 매점에서 야채 소고기덮밥과 콜라로 점심

↓ 케네디 우주 센터의 로켓 정원

을 들었는데 배가 고파서 그런지 아주 맛있게 먹었다.

점심 후 게이트웨이 관내에 전시하고 있는 스페이스X사의 팰컨-9 발사체, 스페이스X사의 무인 우주선 드래곤 Dragon Craft, 미국 항공우주국이 심우주 탐사를 위해 개발된 오리온 우주선Orion Craft 등을 살펴보았다.

스페이스X사는 일론 머스크Elon Musk가 2002년에 세운 항공우주기업으로 케네디 우주 센터의 우주선 발사 시설을 임대하여 사용하고 있었다.

이 건물 내 "RED PLANET(붉은 행성, 화성의 별칭)"이란 체험관 앞에 관광객들이 긴 줄을 서서 입장을 기다리고 있어 인기 있는 프로그램인 것 같았다.

우리 팀원들도 긴 줄 뒤에 서서 20여 분을 기다린 후 들어가 의자에 앉아 안전띠를 맸다. 대형화면에 경치 영상이 좌우상하로 움직이며 보여줄 때 의자도 같은 방향으로 움직여 화성 위를 급회전하는 헬리콥터를 타고 여행하는 기분이었다.

우주 비행사가 자신의 체험과 미래 발전에 대한 희망을 말한 IMAX 관을 거쳐 아틀란티스 관Atlantis館으로 가니 미국 항공우주국의 30년간의 우주 왕복선 프로그램과 아틀란티스 우주선

↑ 케네디 우주 센터 실내에 전시한 아틀란티스 우주선(실물)

의 이야기를 담은 영상을 보여주었다.

아틀란티스 우주선을 측면에 매달고 천지를 뒤흔드는 굉음과 붉은 화염, 거대한 연기구름을 뿜으며 하늘로 솟아오르는 로켓의 영상에 감탄사가 절로 나왔다.

아틀란티스 왕복 우주선은 1985년부터 퇴역한 2011년까지 26년간 33회나 발사되어 293일간 우주에 머무르며 인공위성 수리, 우주 실험, 우주정거장 건설 등의 임무를 완수하였다.

또한 지구를 4,648회 돌았고 약 2억km를 비행하였다.

영상이 끝난 후 영상이 나오던 스크린이 열리면서 실제 아틀란티스 우주선이 눈에 들어왔는데 마치 우주를 유영하는 것같이 공중에 비스듬히 매달려 있었다.

위쪽 출입 부분을 열어두어 볼 수 있는 내부와 어마어마하게 큰 우주선 전체모습을 한참 동안 살펴보며 최첨단 우주과학 기술의 결정체를 감상하였다.

이 아틀라스 관에는 우주선 탑승 체험, 로켓 비상 탈출을 하는 듯한 미끄럼틀 체험, 로켓 조정 체험 등을 할 수 있는 곳이 있었으나 오후 4시가 되어 올랜도로 가기 위해 건물을 나섰다.

케네디 우주 센터에서 꼭 해야 할 것은 아틀란티스 우주 왕복선 관람과 버스 투어라고 한다.

버스 투어는 로켓 조립시설과 발사대를 차내에서 구경하고 달 탐사 우주선인 아폴로 11호와 이 우주선을 달로 데려간 새턴 5 로켓 관련 자료를 전시하고 있는 "아폴로와 새턴 5 전시관Apollo & Saturn 5 展示館"을 관람하는 프로그램이다.

아폴로 11호는 1969년 7월 20일 달에 착륙하였다가 귀환한 우주선으로 이때 닐 암스트롱Neil Armstrong이 인류 최초로 달에 첫 발걸음을 내디뎠다. 버스 투어는 이 우주 센터 관람 마감 두 시간 전인 오후 4시에 종료하여 신청할 수 없었다.

올랜도로 가는 중에 비가 내려 시간이 예상했던 것보다 더 걸렸다. 호텔로 가기 전 한식과 일식을 함께 하는 식당 "이찌 코리안 키친Izzi Korean Kitchen"에서 저녁을 하였는데 메뉴판에 한식으로 불고기, 비빔밥 김치찌개 등 전통 한식 외에 길거리 음식인 떡볶이, 어묵(오뎅), 김밥, 라면, 한국식 핫도그 등이 눈에 띄었다. 우리가 먹은 떡볶이 라면은 아주 매웠고 김밥은 국내 것과 비슷하게 굵게 말아 맛있었다.

↓ 우주선 밖으로 나온 우주인 영상

DAY 23

ORLANDO

디즈니 월드의 매직 킹덤에서 하루

올랜도Orlando는 오렌지를 재배하는 평범한 지방 도시이었으나 1971년 월트 디즈니 월드Walt Disney World가 개장된 이후 급격히 도시화 되며 플로리다주 관광 중심지로 발전하여 연간 7,200만 명(2017년 기준)의 방문객이 찾는 세계 최대 종합리조트단지가 되었다. 올랜도에는 월트 디즈니 월드, 유니버셜 스튜디오Universal Studios, 씨월드Sea World 등 테마파크가 있는데 이 중 가장 크고 유명한 테마파크는 월트 디즈니 월드이다.

이곳 월트 디즈니 월드에는 매직 킹덤Magic Kingdom, 엡콧 센터Epcot Center(세계의 문화와 미래를 주제로 함), 디즈니 애니멀 킹덤Disney's Animal Kingdom, 디즈니 할리우드 스튜디오Disney's Hollywood Studios 등을 비롯한 여러 공원이 있는데 자세히 구경하려면 보통 5일에서 일주일 정도 걸린다고 한다.

우리 팀원들은 이중 "매직 킹덤(마법의 왕국)"을 하루 동안 보기로 계획하여 4월 23일 입장권($171.03/인)을 예매해 놓았다.

매직 킹덤은 로스앤젤레스의 디즈니랜드Disneyland와 유사한 내용과 시설로 신데렐라 성, 메인스트리트Main Street, 모험의 나라, 개척의 나라, 자유 광장, 환상의 나라, 미래의 나라 등으로 구성되어 있다.

구글에 "매직 킹덤"을 입력하고 찾아가 주차 후 꼬마열차를 타고 입장권 판매소에 갔다. 주차장에서 유모차를 밀며 걸어가는 여성, 전동 휠체어를 타고 가는 노인, 친구와 이야기를 나누며 걷는 소녀들 등 꼬마열차를 타지 않는 방문객들도 많았다.

↓ 올랜도 디즈니 월드의 매직 킹덤 내 기차역(앞에 디즈니 창업 100주년 표지물 설치)

↑ 디즈니 월드의 매직 킹덤 신데렐라 성 앞 무대 공연

입장권 예매 확인을 거치고서 모노레일을 타고 매직 킹덤 입구에 내렸다.

매직 킹덤 내 개척의 나라, 환상의 나라로 운행하는 기차역을 지나가니 메인스트리트 너머로 신데렐라 성Cinderella Castle이 보였다. 신데렐라 성은 19세기 독일 바이에른의 왕 루트비히 2세가 퓌센 근교에 지은 고성인 노이슈반슈타인 성(독일어: Schloss Neuschwanstein)의 디자인을 따온 것이라고 하는데 세계 여러 디즈니 공원의 상징과도 같은 건물이다.

디즈니 월드의 매직 킹덤 메인스트리트

메인스트리트를 가득 메우고 있는 방문객의 대부분은 어린이들과 함께 온 어른들, 팔짱을 끼고 다니는 연인들이었다. 우리 팀원들과 같이 어른들끼리만 온 방문객은 가끔 노부부들이 눈에 띌 뿐이었다. 팀원들은 손자녀들에게 무엇을 선물할지를 신경 쓰고 아이들이 많이 줄 서 있는 놀이시설 탑승이나 각종 체험 등에는 관심을 보이지 않았다.

인파에 섞여 가다 보니 신데렐라 성 앞 무대 위에서 공연이 펼쳐지고 있었다. 미키 마우스Mickey Mouse와 미니 마우스Minnie Mouse, 도널드 덕Donald Duck, 무희와 배우들의 춤과 단막극은 경쾌하고 흥겨웠는데 많은 관객과 함께 한참 구경하였다.

관객 중에 왕관을 쓰고 핑크빛 드레스에 생일 어깨띠를 두른 예쁜 소녀가 다른 관객들의 시선을 사로잡았다.

무대 공연을 관람하고 나서 미래의 나라Tomorrow Land 쪽으로 가니 줄이 길게 늘어선 건물이 있어 그 줄 뒤에 서서 10여 분을 기다린 후 건물 내 공연실로 들어갔다.

이 건물은 "몬스터 러프 플로어Monster's Laugh Floor"로 몬스터 주식회사가 만화 괴물 주인공들을 통해 농담과 유머를 선사하는 쇼를 보여주는 곳인데 대기실에서도 3개 T.V. 화면에 외눈박이 괴물이 나와 코미디를 연출하고 있었다.

옆에는 전동 휠체어를 타고 온 백발의 백인 노인이 웃음소

↑ 디즈니 월드의 매직 킹덤 메인스트리트 마차 공연

리를 내며 T.V.를 보고 있었는데 걷지 못하지만 혼자 관광지를 찾아 인생을 즐기는 모습에 대단하다는 생각이 들었다.

이곳은 영어를 잘 알아듣지 못하는 우리 팀원들에게는 괴물들의 움직이는 영상만 보는 곳이라 재미가 없어 진짜 쇼는 보지도 않고 극장을 나왔다.

환상의 나라Fantasy Land에 있는 식당에서 햄버거, 닭튀김, 콜라 등으로 점심을 들고 자유 광장Liberty Square, 모험의 나라Adventure Land 등을 걸어서 둘러보고 메인스트리트로 돌아왔다.

↑ 디즈니 월드의 매직 킹덤 메인스트리트 퍼레이드

오후 1시 30분부터 1시간 동안 자유시간을 갖기로 하였다. 손녀들이 사진을 찍어 보내온 도널드 덕과 미니 마우스 인형을 사기 위해 주변 상점을 돌아보았으나 같은 게 없어 비슷한 것을 샀다. 2시 30분까지 시간이 남아 상점에서 만난 박석찬 사장과 옆에 있는 디즈니 극장에 들어가 실내를 구경하였는데 중간에 관광객이 미키 마우스와 함께 찍은 사진을 현상하여 출구에서 판매($28.00/장)하고 있었으나 너무 비싸 사지는 않았다.

오후 3시경이 되니 관광객들이 메인스트리트 연도에 모여들

었다. 디즈니만화의 주인공들이 총출동하는 퍼레이드가 곧 시작되어 미녀와 야수, 겨울 왕국, 백설 공주와 일곱 난쟁이, 피노키오 등의 주인공들이 화려하게 꾸민 차에 타거나 걸어서 지나갔다. 길게 이어진 아름답고 유쾌한 퍼레이드는 관광객들을 동심의 세계로 돌아가 즐거운 시간을 갖도록 하였다.

디즈니 월드에서 퍼레이드와 함께 꼭 보아야 할 것은 신데렐라 성을 배경으로 오후 8시에 시작하여 15분 동안 펼쳐지는 웅장하고 화려한 불꽃놀이라고 하는데 내일 조지아주 애틀랜타로 장거리 이동하기에 8시까지 이곳에서 머무르기는 어려웠다. 팀원들이 더운 날씨에 오전부터 걸어 다녀 피곤하고 어린이들이나 젊은이들이 주 고객인 놀이시설 탑승에 관심이 없어 매직 킹덤 구경을 마치기로 하였다. 돌아 나올 때는 모노레일을 타지 않고 배를 타고 호수를 건너 매표소 입구로 왔다.

호텔로 가기 전 한 식당에서 L.A.갈비, 해물파전 등으로 저녁을 푸짐하게 들었다.

애틀랜타

DAY 24 DAY 25

ATLANTA

올랜도에서 애틀랜타로

올랜도에서 조지아주 애틀랜타까지 약 800km를 가는 날 이었다.

아침을 들고나서 필자가 운전하는 차례가 되어 차에 올라 핸들을 잡고 숙소를 떠났다.

한참을 가다가 주요소에 들렸는데 출구 쪽에서 주유하고 있는 트레일러 위에 교통사고로 운전석 앞부분이 전부 망가지고 조수석 창문도 뜯겨나간 작은 화물차가 실려있는 모습을 보았다. 대형 사고로 차에 타고 있던 사람들이 죽었거나 중상이었을 것으로 생각하니 고속도로에서의 안전운전에 대한 경각심을 다시 한번 불러일으켰다.

↑ 애틀랜타로 가는 고속도로 옆 주유소에 있는 사고 차량

75번 고속도로로 북상하여 점심시간이 될 때쯤 플로리다주와 조지아주의 경계를 넘었다.

레이크 파크Lake Park란 마을 표지판을 보고 고속도로에서 나와 가까이에 있는 "농가 식당Farmhouse Restaurant"으로 들어갔다.

넓은 식당 홀에는 노인들이 이곳저곳에 모여앉아 점심을 들며 담소를 나누고 있었다. 이 식당이 마을 노인들의 사랑방 또는 노인정 역할을 하고 있다는 생각이 들었다.

햄버그스테이크, 생선과 새우튀김, 콜라 등으로 점심을 하고 고속도로로 다시 진입하였다.

운전 중 소나기가 한차례 내리고 애틀랜타 시내로 들어갈 때

도로가 정체되어 오후 5시경에 한식당 "한일관"에 도착하였다. 김치찌개, 해물 순두부, 비빔냉면 등으로 저녁을 들었는데 한식 맛을 제대로 내는 식당이었다.

DAY 25

ATLANTA

애틀랜타의 명소를 찾아서

애틀랜타의 명소인 센테니얼 올림픽 공원, 마가렛 미첼 하우스, 마틴 루터 킹 주니어 국립 역사공원, 스톤 마운틴 등을 찾아가는 날이었다.

애틀랜타는 조지아주의 주도州都이며 마국 남부 경제를 이끄는 최대 상업 도시로 세계적으로 유명한 기업과 인물들이 배출된 도시이다. 이 도시는 코카콜라, CNN 방송국, 델타 항공, UPSUnited Parcel service, 홈 디포Home Depot Inc 등 유명 대기업들의 본사가 있는 곳이다. 또한 영화 "바람과 함께 사라지다Gone With the Wind"의 원작자 마가렛 미첼과 마틴 루터 킹 목사의 고향이며 흑인 인권 운동의 중심 무대이기도 하였다.

아침에 호텔 데스크 앞쪽에 있는 식당에 가니 준비해 놓은 음식이 비스킷, 초콜릿바, 주스, 커피 등이 전부여서 지금까지 호텔에서 제공한 아침 식사 중 가장 부실하였다. 데스크에 있는 흑인 직원에게 "음식이 더 나오느냐?"고 물었더니 "아니요"라고 답하였다. 불경기로 투숙객이 거의 없고 아침을 호텔에서 하는 투숙객이 우리 팀원뿐인 것 같았다. 아침을 간단히 들고 1996년 애틀랜타 올림픽 개최를 기념하여 조성한 센테니얼 올림픽 공원Centennial Olympic Park으로 향하였다.

애틀랜타 올림픽은 이번 미국 여행 첫날 로스앤젤레스에서 점심을 함께한 김경욱 선수가 여자 양궁에서 금메달 2개(개인전과 단체전)를 딴 대회이다. 당시 김경욱 선수는 개인전 결승에서 화살이 날아오는 장면을 찍고자 과녁 한가운데에 설치한 카메라 렌즈(1cm)를 2번이나 맞혀 깨뜨리며 우승하여 "퍼펙트골드perfect gold"란 용어를 탄생시켰다.

올림픽 개막식, 육상경기 등이 열렸던 주 경기장인 센테니얼 올림픽 스타디움Centennial Olympic Stadium은 20번과 85번 고속도로가 교차하는 곳 부근에 있는데 조지아 스테이트 스타디움이란 이름으로 바뀌었고 조지아 주립대학교 미식축구장으로 사용하고 있다고 한다.

↑ 애틀랜타 센테니얼 올림픽공원 입구의 오륜 마크와 성화 봉송대 상징물

CNN 센터 주차 빌딩에 주차하고 CNN 센터 건물 오른쪽으로 조금 걸어가니 조각상, 음악 분수, 산책로 등이 조성되어 있다는 센테니얼 올림픽공원이 나타났다.

공원 입구에는 올림픽 오륜 마크와 커다란 성화 봉송대 상징물이 설치되어 있고 바닥의 벽돌에는 사람들의 이름이 빼곡히 새겨져 있었는데 이 공원 설립 당시 돈을 기부한 후원자들의 명단이라고 한다.

아침 9시 이전이라 방문자센터가 문을 열지 않았고 주위에 화장실 건물도 보이지 않았다. 아침 식사를 부실하게 하고 화장실도 가야 되어 올림픽 공원 내 구경은 생략하고 길 건너에 있는 식당으로 갔다. 샌드위치, 감자채 구이, 계란 프라이, 콜라 등으로 아침 식사를 하고 다음 목적지 "마틴 루터 킹 주니어 국립 역사공원Martin Luther King Jr. National Historic Park"으로 향하였다.

흑인 인권 운동가인 마틴 루터 킹 목사는 앨라배마주의 몽고메리 교회에 부임하여 시영버스의 흑인 차별적 좌석제에 대한 버스 보이콧 운동을 비폭력 시위로 이끌어 승리를 거두었다.

1963년 8월 28일 워싱턴 D.C.에서 열린 직업과 자유를 위한 워싱턴행진에서 킹목사가 행한 "나에게는 꿈이 있습니다I have a Dream"로 시작되는 연설은 에이브러햄 링컨의 "게티스버

↓ 1963년 8월 링컨기념관 앞에서 연설하고 있는 마틴 루터 킹 목사 영상(왼쪽)
↓ 마틴 루터 킹 주니어 국립 역사공원 전시관 내 "자유의 길" 전시물

그 연설", 존 F. 케네디의 "나는 베를린 시민입니다" 연설과 함께 미국 역사에서 가장 중요한 위치를 차지하고 있는 명연설로 손꼽히고 있다고 한다.

그는 1968년 4월4일 테네시주의 흑인 미화원 파업 운동을 지원하러 갔다가 멤피스에서 한 백인 우월주의자가 쏜 총탄을 맞고 39세에 사망하였다.

마틴 루터 킹 주니어 국립 역사공원 방문자센터에 있는 전시관에 들어가니 킹 목사의 일생과 그가 이끌었던 흑인 인권 운동에 관한 자료들이 전시되어 있고 T.V. 화면에는 "나에게는 꿈이 있습니다"로 시작되는 명연설이 계속 방영되고 있었다. 전시실 중앙에 있는 전시물 "자유의 길Freedom Road"에는 자유로 향하는 길을 걸어가는 흑인들의 모습이 인형으로 만들어져 있었는데 흑인 차별 철폐를 위한 지속적인 운동을 형상화해 놓은 것 같아 인상이 깊었다.

전시관을 나와 조금 걸어가니 킹 목사와 그의 부인 코레타 스콧 여사Coretta Scott King의 묘가 직사각형 형태의 인공연못 한가운데 조성되어 있었다. 석관 바로 앞에는 그의 흑인 인권 운동과 희생을 잊지 않고 오래 기리기 위한 영원한 불꽃Eternal Flame이 활활 타오르고 있었다.

↑ 마틴 루터 킹 목사와 그의 부인 코레타 스콧 킹 여사의 묘

킹 목사의 묘를 보고 왼쪽 길 건너에 있는 그의 생가King Birth Home를 찾아갔다. 그가 이 건물 2층 침실에서 1929년 1월 15일 출생하여 어린 시절을 보낸 집이라고 하는데 지은 지 128년이 되었어도 보수, 관리를 잘하여 새집처럼 보였다.

킹 목사 묘의 오른쪽에는 그의 아버지와 킹 목사가 대를 이어 사역했던 에벤에셀 침례교회Ebenezer Baptist Church가 있었다. 교회 안으로 들어가 2층으로 올라가니 넓은 예배당 앞쪽에 앉아 있는 10여 명의 방문자에게 국립공원 직원이 안내 설명을 하고 있었다. 맨 뒷줄에 앉아 설교단 뒷벽에 있는 십자가와 예

↑ 마틴 루터 킹 주니어 국립 역사공원 내 킹 목사 생가(왼쪽) 에벤에셀 침례교회

수상을 바라보며 어릴 적부터 이 교회에 다니며 사랑과 희생을 배우고 실천한 킹 목사에 대한 존경심으로 두 손을 모으고 고개를 숙였다.

주차장으로 가며 방문자센터 옆 산책로에 있는 "국제 인권 명예의 거리International Civil Rights Walk of Fame"를 살펴보았다.

세계에서 인권 향상을 위해 헌신한 운동가들을 기념하기 위해 2004년에 조성된 공간인데 산책길 블록마다 운동가들의 이름과 발자국이 새겨진 동판이 설치되어 있었다.

이곳에는 퇴임 후에도 "사랑의 집 짓기 운동" 등을 한 지미 카터Jimmy Carter 대통령, 몽고메리 버스 보이콧 운동을 일으키게 한 로사 파크스Rosa Parks 여사, 흑인 음악계의 살아있는 전설이

라는 스티비 원더Stevie Wonder 시각장애인 가수, 킹 목사의 후계자를 자처하는 제시 잭슨Jesse Jackson 목사 등의 동판이 있었다.

2012년에는 아시아인 최초로 독립운동가 도산 안창호 선생의 이름과 발자국이 이곳에 새겨졌는데 그의 업적이 국제적으로 인정받은 것이라 이를 보고 나니 가슴이 뿌듯해졌다.

안창호 선생의 동판을 본 후 마가렛 미첼 하우스Margaret Mitchell House로 갔다. 마가렛 미첼은 1936년 출판된 1,037쪽의 장편소설 "바람과 함께 사라지다Gone With the Wind"를 쓴 작가이다. 소설의 내용은 남북전쟁을 배경으로 하여 조지아주 타라 농장의 빼어난 미모와 활달한 성격의 여주인공 스칼렛 오하라Scarlett O'Hara의 인생 역정을 쓴 것이다. 전쟁으로 남부의 전통과 질서가 바람과 함께 사라진 황폐한 삶 속에서 전력을 다해 살길을 개척하는 스칼렛의 불굴 의지가 독자들의 공감을 불러일으켜 출판 6개월 만에 100만 부가 팔리고 지금까지 전 세계적으로 40개 언어로 번역되어 약 3,000만 부가 팔렸다고 한다. 특히 이 소설의 유명한 대사는 마지막에 나오는 대사인 "내일은 또 다른 내일After all, tomorrow is another day"인데 한국에서는 "내일은 내일의 태양이 뜬다"라고 번역되었다.

이 소설은 1939년 영화로도 제작되었는데 그해 아카데미 시상식에서 작품상, 감독상, 여우 주연상(비비언 리), 여우 조연

↑ 마틴 루터 킹 주니어 국립 역사공원 내 국제 인권 명예의 거리 (사진의 맨 아래 첫 번째 줄 왼쪽이 안창호 선생의 동판임)

↑ 애틀랜다 마가렛 미첼 하우스

상(해티 맥대니얼, 흑인 배우 최초) 등 10개 부문에서 수상하였고 3시간 30분이나 되는 장편임에도 전 세계에서 2억 명 이상이 관람하였다고 한다.

마가렛 미첼 하우스 주차장에 차를 대고 3층 건물로 걸어가니 대문 앞에 "휴관closed, 2023년 개관reopen 예정"이란 표지판이 걸려있었다. 1899년에 지어진 이 아파트 건물에 1925년부터 1932년까지 7년간 미첼과 그녀의 남편이 1층에 살았으며 이곳에서 "바람과 함께 사라지다"의 대부분을 썼다고 한다. 이 건물은 2번의 화재 후 1997년 원래의 모습으로 복원하여 미첼이 살았던 당시의 모습을 재현해 놓았고 미첼이 쓰던 타자기를 비롯한 그녀의 초상화, 사진, 영화 포스터, 신문 기사 등이 전시되어 있다고 하는데 안에 들어가 보지 못하고 돌아서야 했다.

점심을 하려고 식당으로 가는 도중에 핸드폰 자료 검색 내용을 확인하다 보니 '마가렛 미첼 하우스'의 주소가 2곳이었다.

조금 전 갔던 주소가 "979 크레스켄트 애비뉴 979 Crescent Av. NE."인데 다른 자료에는 "990 피치트리 스트리트 990 Peachtree St. NE."로 안내하여 두 번째 주소로 찾아 나섰다.

주변에 빌딩들이 이어져 있어 길가에 비상등을 켜고 내려 지나가는 사람 3명에게 물어 간신히 찾아가니 마가렛 미첼 하우스의 정문 쪽이었다. 4차선 대로변에 정문이 있다 보니 대부분 주차장이 있는 후문 쪽 주소로 안내하는 것 같았다. 휴관closed이라 잠겨있는 문 앞에서 사진을 몇 장 찍고 바로 식당으로 갔다.

한식당Park 27 Korean BBQ & Bar에서 김치찌개, 우거지갈비탕으로 점심을 들고 동쪽으로 25km 거리에 있는 조지아 주립공원 스톤 마운틴Stone Mountain으로 향하였다.

스톤 마운틴은 지상에 노출된 세계에서 가장 큰 단일 화강암 바위로 지상에서의 높이 252m, 둘레 8km에 달하는데 케이블카를 타고 정상에 오를 수 있다. 이 바위산 북쪽 면 편평한 부분에 남북전쟁 시 남부군의 리더인 남부 연합 대통령 제퍼슨 데이비스Jefferson Davis, 남부군 총사령관 로버트 리Robert Lee, 스톤월 잭슨Stonewall Jackson 장군 등 3명의 기마상 부조가 새겨져 있다. 1923년 조각에 착수하여 1972년에 완성하였는데 가로 58m, 세로 27m로 세계에서 가장 큰 부조 작품으로 남북전쟁의 패배로 상처받은 남부인들의 자존심을 되살리기 위해 만들기 시작하였다고 한다.

구글 내비게이션에 "스톤 마운틴"을 입력하고 갔는데 일반 주민들이 사는 스톤 마운틴 마을로 안내하여 다시 "스톤 마운틴 공원"으로 바꿔 입력하였다.

스톤 마운틴 공원에 들어갔으나 관광열차, 미니골프장, 야영장, 호텔, 영화관 등 여러 시설이 있어 케이블카를 타는 장소 "서밋 스카이라이드Summit Skyride"를 또 물어 찾아갔다.

케이블카를 타고 정상으로 올라가며 오른편으로 남부군 지도자 3인을 바위에 부조한 조각상을 가까이서 보았다.

흑인 차별과 노예제도를 지키기 위해 전쟁을 한 남부군 지도자들의 거대한 기마상 부조와 흑인 차별 철폐를 위해 투쟁한 마틴 루터 킹 주니어 목사의 기념관이 애틀랜타에 함께 있는 것이 이상했으나 패배한 아픈 역사도 보전하는 관용과 화해의

↑ 애틀랜타 스톤 마운틴의 남북전쟁 시 남부 연합 리더 3인 기마상 부조

현장이라 생각하였다.

케이블카에서 내려 건물 밖으로 나서니 바람이 세게 불었다.
스톤 마운틴이 평원에 우뚝 솟아 있기에 사방으로 수십km나 펼쳐져 있는 녹색의 숲은 바다 같았고 점점이 자리한 건물들은 바다에 떠 있는 섬이었다. 서쪽 숲 너머로는 애틀랜타 도심지의 빌딩들이 아스라이 보였다.
우리 오른쪽에는 주황색 가사를 걸친 승려 여러 명이 경치를

↑ 애틀랜타 스톤 마운틴에 오른 태국 승려들

감상하고 있었는데 스톤 마운틴의 흰색, 앞쪽 숲의 녹색 등과 대비되어 멋진 색의 조화를 연출하고 있었다. 정상 남쪽에 화강암 돌 틈 사이에 뿌리를 내리고 세찬 비바람을 이겨내며 크게 자란 소나무, 전나무 등의 늠름한 모습은 아주 인상적이었다. 산에서 내려오는 케이블카에서 나이 든 스님에게 자리를 양보하고 대화를 나누었는데 태국에서 미국으로 연수를 와 이를 마치고 귀국길에 잠시 들렀다고 하였다.

리치먼드

DAY 26

DAY 26

RICHMOND

애틀랜타에서 리치먼드까지

조지아주 애틀랜타에서 버지니아주 리치먼드까지 880여km를 가는 날이었다. 호텔에서 주는 아침 식사가 부실하여 고속도로 휴게소 간이식당에서 베이컨과 계란 샌드위치, 도넛, 머핀, 냉커피 등으로 아침 식사를 보충하였다.

85번 고속도로에 올라 북동쪽으로 1시간여 가다 보니 오른쪽 창밖 큰 건물에 "SK 배터리SK Battery"란 상호가 붙어 있는 것이 보였는데 조지아주 커머스Commerce시에 있는 한국의 SK 전기차 배터리 공장으로 2022년부터 가동하고 있었다.

한국 기업이 첨단산업 분야까지 미국 시장에 진출하여 세계적인 대기업들과 경쟁하는 현장을 직접 목격하니 가슴이 뿌듯하였다.

← 고속도로 휴게소 KFC 식당 앞 장미꽃과 홍보 간판

점심때가 되어 고속도로 인근 대형휴게소에 들어갔는데 얼마 전 간이식당에서 도넛, 머핀 등을 들어 KFC/TBKentucky Fried Chicken & Taco Bell 식당에서 간단히 먹기로 했다.

닭튀김, 야채비스켓, 콜라 등으로 식사하고 나오는데 입구 오른쪽 화단에 장미꽃이 예쁘게 피어 있고 그 앞에는 KFC의 새로운 메뉴를 알리는 간판을 세워놓고 있었다.

식사를 위해 휴게소에 온 여행객이 붉은 장미에 시선이 끌리어 쳐다보게 되면 자연스레 간판을 보게 되어 홍보 효과가 대단할 것 같았다.

점심 후 고속도로로 들어가 달리다 3시 30분경 휴게소에서 냉커피를 한잔 마셨다.

리치먼드 남서쪽에 있는 한식당 "영빈(영어명: Korean Garden)"에서 저녁을 먹고 숙소로 가기 위하여 고속도로에서 외곽 순환 도로로 진입할 때부터 소변이 마려웠다. 2시간 전에 냉커피를 마신 것이 이뇨 작용을 촉진한 것 같았다.

금요일 오후 퇴근 시간대이고 다음 날부터 주말이라 차량 정체가 심하였고 내비게이션에는 목적지까지 25마일(40km) 남았다고 알려주고 있었다. 10여 분이 지나자 더는 참을 수 없어 렌터카 뒷좌석에서 냉커피를 마시고 난 빈 플라스틱 커피잔에 실례를 하였다. 일을 보고 나니 시원하였으나 긴장이 풀려 한숨이 절로 나오고 힘이 쑥 빠졌다. 영빈식당에서 돌솥비빔밥, 떡만두국 등으로 저녁을 들고 숙소로 갔다.

카운터에서 방을 배정받았는데 직원이 "스모킹 룸smoking room"의 키 카드keycard를 내주며 단체 손님 예약으로 우리가 사전 예약한 "논스모킹 룸non-smoking room"을 그들에게 주었다며 양해를 구했다.

5월 29일이 공휴일인 메모리얼 데이Memorial Day(매년 5월 마지막 주 월요일, 우리나라 현충일에 해당)라서 다음날부터 3일간 연휴이었다. 우리가 내일 가려고 하는 미국 식민지 시대의 민속촌

"윌리엄즈버그Williamsburg"가 이곳 리치먼드에서 1시간 거리에 있어 연휴를 맞아 관광객들이 많이 몰린 것 같았다.

지금 다른 호텔 방을 찾아나서도 빈방을 구할 수 없을 것이라 키 카드를 받아 2층 방으로 갔다. 방에 들어가니 실내가 담배 니코틴에 절어 있어 냄새가 지독하였는데 김근수 사장은 냄새가 독해 방에서 잘 수 없다며 렌터카에서 잔다고 홑이불을 들고 방에서 나갔다.

여행 가방을 방으로 옮겨놓고 화장실에서 용변을 보았는데 변기의 물이 내려가지 않았다. 숙소 카운터로 달려가 직원에게 항의하자 방으로 올라와서 확인하더니 건물 반대편 2층 "논스모킹 룸"으로 바꿔주었다. "논스모킹 룸"으로 방을 예약하였으나 방이 "스모킹 룸"만 남아있다고 이를 배정한 직원이 거짓말을 한 것이라 기분이 몹시 상하였다.

여행 가방을 옮겨놓고 샤워를 한 후 바로 잠자리에 들었다.

DAY 27

RICHMOND

맥아더 장군 기념관과 윌리엄즈버그 민속촌

버지니아주 노퍽Norfolk시에 있는 맥아더 장군 기념관the MacArthur Memorial과 윌리엄즈버그Williamsburg시에 있는 민속촌을 찾아가는 날이었다.

맥아더 장군 기념관은 리치먼드에서 동쪽으로 약 150km 떨어진 대서양 해변 노퍽시에 있어 이곳부터 찾아가고 나서 돌아오는 길 중간쯤에 있는 윌리엄즈버그에 가기로 하였다.

더글러스 맥아더Douglas MacArthur, 1880-1964 장군은 아칸소주 리틀록에서 태어나 육군사관학교를 수석 졸업하고 육군사관학교 교장(39세), 육군 소장(45세), 육군 참모총장(50세) 등을 모두 최연소로 역임하고 1937년 군에서 퇴역하였다. 1941년 군에 복귀하여 제2차세계대전 중 연합군 총사령관으로 태평양

← 노퍽시 맥아더 장군 기념관 (정면)

전쟁을 이끌었으며 1944년 원수로 승진하였고 전후에는 일본 점령군 최고사령관이 되었다.

1950년 6월25일 북한이 전쟁을 일으켜 낙동강까지 진출하자 당시 70세인 맥아더 장군은 UN군 사령관으로 성공확률 5,000분의 1이라는 인천상륙작전을 감행, 전세를 역전시켜 한국인에게도 아주 잘 알려져 있다. 그러나 맥아더 장군은 그의 중국(만주) 폭격 등 확전 주장에 반대한 트루먼 대통령에 의해 1951년 4월 11일 해임되어 귀국하였는데 이때 워싱턴D.C. 상하 양원 합동회의에서 행한 퇴역 고별사 말미의 "노병은 죽지

↑ 1945년 9월2일 맥아더 장군 앞에서 제2차세계대전 항복문서에 서명하는 일본 대표 (사진)

않고 다만 사라질 뿐이다 Old Soldiers never die, they just fade away”란 명언은 지금도 인구에 회자되고 있다.

맥아더 장군은 그의 고향 아칸소주 리틀록이 아닌 어머니의 고향 노퍽시에 군 생활 52년과 관련한 문서, 사진, 의복, 훈장 등 기념품과 자료를 기증하였고 노퍽시는 그를 기념하기 위하여 1850년에 지은 시청 건물을 맥아더 기념관으로 내주었다.

그의 어머니 “메리 핑크니 하디 맥이더 Mary Pinkney Hardy MacArthur”는 맥아더의 육군사관학교 재학 4년 동안 사생활을 포기하고 육군사관학교 근처에 방을 얻어 지내며 아들을 뒷바라지하여 맥아더가 육군사관학교에서 수석 졸업할 수 있도록 헌신하였다. 맥아더 장군이 어머니의 은혜에 감사하는 마음으로 자료들을 노퍽시에 기증하였다고 한다.

맥아더 장군 기념관 옆 카페에서 커피를 들고 방문자센터로 갔다. 이곳에서 맥아더 장군의 생애를 다룬 다큐멘터리를 10시 30분부터 30분간 시청하였다. 어릴 때부터 육군사관학교, 제1차와 제2차 세계 대전, 한국전쟁을 거쳐 워싱턴D.C. 상하 양원 합동회의 연설, 장례식까지의 사진과 동영상은 큰 감동을 주었다. 특히 이 다큐멘터리 중 맥아더 장군이 한국전쟁 UN군 사령관에서 해임되어 귀국한 직후인 1951년 4월 20일, 뉴욕 맨해튼 고층빌딩에서 색종이와 긴 테이프가 뿌려지는 가운데 벌어졌던 귀국 환영 시가행진은 압권이었다. 전쟁 영웅을 환영하기 위해 연도를 메운 700만 명의 인파는 그의 인기가 하늘을 찌를듯하였다는 것을 보여주고 있었다.

방문자센터의 다른 자료들을 보고 기념관 1층 원형 홀rotunda에 들어가니 앞쪽 벽 가운데에 맥아더 장군의 군 경력을 새긴 대리석 판이, 그 좌우에는 성조기, 오성기, 한국전쟁 UN군 사령관기, 제2차세계대전 극동 사령관기 등이 보이고 아래쪽에 맥아더 장군과 그의 부인 진 마리 페어클로스 맥아더Jean Marie Faircloth MacArthur의 묘가 조성되어 있었다. 우리나라와 세계의 자유, 민주를 지키기 위해 일생을 바친 그의 묘 앞에서 명복을 빌었다.

↑ 맥아더 장군 기념관 1층 원형 홀에 있는 맥아더 장군과 그의 부인 묘

안내서를 보니 기념관 1층에 로텐더 홀을 포함하여 5개 갤러리gallery, 2층에 5개 갤러리, 총 10개 갤러리로 나누어 전시하고 있었다. 왼쪽으로 돌아가니 맥아더 장군의 부모와 어린 시절, 육사생도 때 자료가 있었고 다음 갤러리galley 7에는 한국전쟁 관련 자료가 전시되어 있었다. 이곳에 태극기를 위시하여 국제연합기. 북한기가 천장 아래 걸려있고 한국 지형도와 단계별 전황 설명도, 맥아더 장군 동상과 그의 제복 등을 보니 반가웠다. 특히 눈에 띄는 것은 북한군 지역에 살포한 전단(대북 선전용 인쇄물)이었다.

"쏘련과 중공을 위해서 죽엄을 택할 필요가 있는가?", "하늘에는 벼락! 땅에는 진동! 사람의 몸으로 탱크와 비행기에 대항할 수 없다.", "오십여국五十余國이 대한민국大韓民國을 지원支援, 미국, 영국, 불란서, 서전, 희랍, 뿌라질, 이디오비아……" 등 북한 군인들의 사기를 꺾고 귀순을 독려하는 내용이었다.

한국전쟁 관련 갤러리 7 우측으로는 맥아더 장군의 유품, 제복, 훈장 등이 전시되어 있었는데 26개의 메달 중 대한민국 정부로부터 받은 "건국 공로 훈장Order of Merit For National Foundation"도 셋째 줄에 진열되어있었다. 2층으로 올라가 제1, 2차 세계대전, 일본 점령기 등의 전시물들을 보고 기념관을 나왔다.

여행을 마치고 귀국한 후 작년 말 인천 중구 자유공원에

↓ 맥아더 장군 기념관 내 한국전쟁 부문

↑ 인천광역시 중구 자유공원에 있는 맥아더 장군 동상(왼쪽)과 연수구에 있는 인천상륙작전기념관

1957년 세운 맥아더 장군 동상과 1984년 연수구 옥련동에 건립한 인천상륙작전기념관을 찾아갔었다. 가죽점퍼 차림에 망원경을 들고 서서 상륙지점인 북성동 레드 비치Red Beach를 바라보고 있는 장군의 동상 모습은 위풍당당하였고 기념관 내 군복에 별 5개 계급장을 단 흉상과 라이방 선글라스를 쓰고 참모와 대화하는 사진은 그의 멋진 모습을 보여주고 있었다.

인천상륙작전 성공으로 6.25 전쟁의 전세를 역전시킨 그의 업적은 역사에 길이 남을 것이다. 그런데 자유공원 맥아더 장군 동상 뒤편에 상륙하는 모습을 새긴 부조 작품은 인천상륙작전 당시의 장면이 아니고 1944년 제2차세계대전 당시 필리핀

"레이터섬 상륙작전"의 장면으로 밝혀져 인천광역시에서 교체 방안을 마련할 계획이라고 한다.

노퍽시 동쪽의 도시 버지니아 비치에 있는 한식당 "한상 식당Han Sang Restaurant"에서 점심을 하였는데 팀원 4명이 육개장, 갈비탕, 해물 순두부, 짜장면 등 처음으로 각자 다른 메뉴를 선택하여 들었다. 점심 후 윌리엄즈버그 민속촌으로 향하였다.

윌리엄즈버그Williamsburg는 영국 왕 윌리엄 3세의 이름에서 도시 명칭을 따왔는데 1699년부터 80년간 버지니아 식민지의 주도州都이었다. 그러나 1780년 주도가 리치먼드로 이전되면서 도시의 중요성도 차츰 낮아졌다. 1926년에 존 D. 록펠러 2세John D. Rockefeller, Jr의 후원으로 영국식민지 시대의 거리 복원

↓ 윌리엄즈버그 민속촌 중심가의 거리

이 시작되어 360만 평(1,200ha)이 넘는 토지에 주 의사당, 총독 관저, 재판소, 교도소, 유명 인사 저택, 상점, 주점 등 120여 개의 주요 건물들을 재현, 민속촌을 조성하였다.

윌리엄즈버그 방문자센터에서 입장권을 산 후 셔틀버스를 타고 이곳의 가장 인기 있는 명소인 총독 관저Governor's Palace 앞에서 내렸다. 관광객들이 모여 매시간 단체로 입장하기에 줄을 서서 한참을 기다린 후 건물로 들어갔다.

식민지 시대 복장을 한 여성 해설사의 안내로 거실, 침실, 식당, 접견실 등 2층까지 돌아보았는데 해설이 길어서 지루하였

↓ 윌리엄즈버그 민속촌의 총독 관저

↑ 윌리엄즈버그 민속촌의 총독 관저 옆 저택(왼쪽)과 총독 관저 현관문 앞의 해설사와 벽 쪽 총검 장식

고 몇몇 학생들은 뒤에서 딴청을 피우기도 하였다.

잘 꾸며 놓은 실내에서 가장 인상적인 것은 총과 칼을 9자루에서 25자루씩 가로로 줄지어 또는 대각선으로 벽 쪽 여러 곳에 전시해 놓은 것이었다.

총독 관저에서 나와 오른쪽 2층 벽돌 건물 앞으로 가니 화단에 조경수와 여러 색의 꽃들이 예쁘게 피어 있었다. 저택 왼쪽 낮은 울타리 너머엔 작은 흰색 목조건물들이 보였는데 하인들의 집인 것 같았다.

이곳 중심가Duke of Gloucester St.의 거리에는 말 두 마리가 끄는 마차들이 관광객을 태우고 다니고 있었고 길 양쪽으로는 250년 전 모습의 건물들이 이어져 있었다.

↑ 윌리엄즈버그 민속촌의 관광 마차(왼쪽)와 대장간

식료품 잡화점, 책 제본 인쇄소, 약제상apothecary, 여성복과 모자 판매점, 가발 공장, 선술집, 대장간, 총기 제작소 등에 들어가 구경하였는데 각 건물에 들어가기 위해 5분에서 30분 정도 줄을 서서 기다렸다.

특히 대장간 안에서는 필자의 어릴 적 고향 동네 대장간이 생각났다. 풀무로 바람을 일으켜 화덕에서 시뻘겋게 달군 쇠를 모루에 올려놓고 쇠망치로 두드려 칼, 낫, 호미, 도끼 등을 만들던 대장장이 노인과 조수들의 작업 장면이 머릿속에 떠올라 한참을 화덕 불꽃과 만들어 놓은 연장들을 바라보고 서 있었다.

워싱턴 D.C.

DAY
28

DAY 28

WASHINGTON D.C.

워싱턴 D.C. 명소를 찾아서

리치먼드를 떠나 170여 km 북쪽으로 올라가 미국의 수도 워싱턴D.C.의 백악관White House을 비롯한 내셔널 몰National Mall의 여러 명소를 구경하는 날이었다.

내셔널 몰은 워싱턴D.C.의 중심부에 있는 공원으로 서쪽 끝의 링컨기념관에서 동쪽 끝의 국회의사당까지 2km 이상 뻗어 있는데 그 안에 워싱턴기념비, 제퍼슨 기념관, 전쟁 전사자 추모비(제2차세계대전, 한국전쟁, 베트남전쟁), 국립미술관, 스미스소니언 박물관(항공우주박물관, 국립자연사박물관, 역사박물관 등)이 있다.

최초 계획에서 워싱턴D.C.는 2019년 첫 번째 미국 한 달 여행 시 구경하여 제외하였었으나 이곳을 전에 구경하지 않은 박석찬 사장이 여행팀에 합류하여 하루 들리기로 하였다.

2시간여를 달려 10시 30분경 워싱턴D.C. 숙소인 해링턴 호텔에 도착하였다.

호텔이 내셔널 몰 가까이에 있어 렌터카를 호텔에 주차하고 걸어서 구경을 나서고자 하였으나 1914년에 오픈한 호텔에는 주차장이 없었다.

이곳 시내 중심가에는 지은 지 100년이 넘는 건물들이 많은데 지하 주차장이 없어 도로변에 일렬 주차를 하거나 20세기 후반기에 지은 신축빌딩 지하 주차장에 주차해야만 하였다.

호텔 데스크에서 알려준 인근 빌딩 지하 주차장 좁은 공간에 주차하였으나 밤샘 주차Overnight parking는 안 된다고 하였다.

여행 가방을 방에 옮겨놓고 백악관 정문 쪽으로 걸어갔다.

백악관은 워싱턴D.C.에서 관광객이 많이 찾는 곳 중 하나로 이날도 정문 울타리 쪽이 관광객들로 붐비고 있었다.

백악관 내부 관광은 최소 한두 달 전에 미국 국회의원이나 해외방문객일 경우 자국 대사관을 통하여 신청하여야 한다고 하는데 절차가 복잡하여 신청하지 않았었다.

2019년에 이곳을 방문하였을 때 울타리 교체공사를 하고 있었는데 원래 6피트(1.8m)이던 높이를 13피트(4.0m)로 두 배

↑ 백악관(북쪽, 정문)

이상 높여 침입자가 감히 넘어갈 엄두를 못 내게 해놓았다.

세계 정치의 중심인 백악관 울타리 앞에서 사진을 찍고 워싱턴기념비 쪽으로 갔다.

메모리얼 데이Memorial Day(전몰장병 기념일, 매년 5월 마지막 주 월요일) 연휴라서 이곳에도 산책로를 걷거나 푸른 잔디밭에 앉아 쉬는 사람들이 많았다. 워싱턴기념비 남쪽에서 요란한 오토바이들의 소리가 들려 인디펜던스 애비뉴Independence Avenue 쪽으로 가니 메모리얼 데이를 기념하는 수많은 오토바이가 대형隊形을 갖추어 행진하고 있고 연도에는 많은 사람이 구경하고 있었다. 성조기를 단 오토바이들을 필두로 정렬한 오토바이 집단들groups이 꼬리를 물고 알링턴 국립묘지 쪽에서 끊임없이 와서 30여 분간을 바라보았다. 우리나라도 현충일(매년 6월 6일)에 이와 같은 행사를 하면 오토바이를 타는 예비역 군인들과 청년층이 많이 참여하여 성공적인 기념행사가 될 것으로 생각했다.

이 대규모 오토바이 행진은 회원들이 대부분 퇴역 군인인 민간 단체 "롤링 썬더Rolling Thunder"의 주도로 1988년부터 매년 시행해 오고 있는데 전국에서 온 50여만 대의 오토바이들이 국방부(펜타곤) 주차장에 모인 후 지역별로 정렬하여 알링턴 국

↓ 메모리얼 데이 기념 대규모 오토바이 행진

↑ 워싱턴기념비 쪽에서 본 링컨기념관(가운데, 우측 중간은 제2차세계대전 기념비의 일부분)

립묘지까지 행진하고 내셔널 몰을 돌아 국방부 주차장으로 돌아간다고 한다.

대규모 오토바이 행진을 구경한 후 인근 푸드트럭food truck에서 치즈버거, 핫도그, 콜라 등을 사서 트럭 주위에 서서 점심을 들었다. 이번 여행 중 길거리 음식으로 식사한 것은 처음이었으나 맛있게 들었다.

2019년에 이곳에 왔을 때는 유니언 스테이션Union Station, 링컨기념관, 알링턴 국립묘지 등을 순환하는 무료 버스circulator를

↑ 워싱턴D.C. 한국전 참전용사 기념공원

중간중간 탔었으나 이번 여행은 메모리얼 데이 연휴라서 운행하지 않아 하루 내내 걸어 다녀야 했다.

링컨기념관Lincoln Memorial 앞 아름다운 경치를 감상하며 제2차세계대전 기념비를 지나 한국전 참전용사 기념공원Korean War Veterans Memorial으로 발길을 옮겼다.

한국전 참전용사 기념공원의 우의를 입은 19인의 군인들 동상 맨 앞에는 흰 리본을 단 큰 흰색 화환과 성조기를 꽂은 꽃바구니가 몇 개 놓여 있었다. 공원 주위 네 방향 길에는 추모객들이 오가며 메모리얼 데이의 의미를 되새기고 있었다.

한국전 참전용사 기념공원 옆 "한국전 추모의 벽"은 추모 연못 주위에 2021년 3월에 공사를 시작하여 2022년 7월 27일 제막식을 개최하였다. 이 추모의 벽은 높이 1m, 둘레 50m의 화강암 벽을 원형으로 둘러 설치하였는데 한국전쟁 전사자 4만 3,808명(미군 3만 6,634명, 한국군 카투사 7,174명)의 이름이 새겨져 있다. 새로 조성된 추모의 벽 앞에 서서 고개를 숙여 우리나라의 민주와 자유를 지키기 위해 싸우다 희생된 전사자들의 명복을 빌었다.

한국전 참전용사 기념공원에서 링컨기념관으로 가는 길가에서 나이 든 퇴역 군인들이 양귀비꽃 모양의 붉은 배지badge를

↓ 한국전 참전용사 기념공원 추모의 벽(일부분)

← 링컨기념관 내 링컨 대통령 동상

나누어 주어 한 개 받았다. 서양에서 양귀비꽃은 전사자에 대한 추모의 의미를 지닌다고 한다. 나중에 알았는데 이런 행사는 대개 배지를 받고 나서 서명부에 이름을 적고 적은 돈이라도 기부donation하는 것이 통례通例라고 하는데 그러지 못한 게 몹시 아쉬웠다.

링컨기념관 내 링컨 동상의 얼굴에서 흑인 노예 해방이란 인류의 보편적 가치의 실현을 위해 전쟁까지도 불사한 그의 결단력과 굳건한 의지를 읽을 수 있었다.

오른쪽 벽에 새겨진 게티즈버그 연설문 맨 끝에 "우리나라는 국민에 의한, 국민을 위한, 국민의 정부로서 결코 지구상에서 사라지지 않을 것이다government of the people, by the people, for the people, shall not perish from the earth"라고 한 명연설 문구는 미국의 자유민주주의 정신을 전 세계에 천명하고 있었다.

링컨기념관에서 나와 근처에 있는 매점에서 커피, 홍차 등을 들고 쉬다가 호텔로 갔다. 핸드폰 구글 맵 내비게이션에 "해링턴 호텔Harrington Hotel"로 입력하여야 하는데 "해밀턴 호텔Hamilton Hotel"로 잘못 입력하여 해밀턴 호텔까지 갔다가 1km 정도를 돌아왔다.

렌터카를 밤샘 주차할 수 없다고 하였기에 호텔로 가기 전 지하 주차장에서 차를 꺼내 호텔 길 건너편에 일렬 주차하였는데 연휴 저녁때라서 도로변 주차 공간이 몇 곳 있었다.

호텔에 도착하니 오후 4시경으로 오전부터 5시간 30분간 약 13km를 걸었다. 방에서 쉬다가 호텔 내 식당에서 뉴욕 스테이크와 맥주로 저녁 식사를 들며 피로를 풀었다.

해링턴 호텔은 1914년에 오픈하여 110여 년의 역사를 자랑하는데 1층 입구 오른편 벽에 초창기의 사진들과 1913년 이래 미국 대통령 재임 기간별로 호텔과 미국의 주요 사건, 행사 등을 기록한 도표를 길게 설치해놓고 있었다.

↑ 워싱턴D.C. 해링턴 호텔 벽에 있는 대통령 재임 기간별 주요 사건, 행사 도표

호텔 냉난방이 집중 관리식인데 홍찬국 국장이 냉방이 너무 세어 춥다고 하였으나 오래된 건물이라서 그런지 온도 조절이 안 되자 직원이 작은 온풍기를 가져와 켜주었다.

보스턴

DAY 29

DAY 29

BOSTON

미국 국회의사당 내부를 관람하고 보스턴으로

여행 오기 전 3월 11일에 예약한 미국 국회의사당 내부를 구경하고 미국 독립혁명의 발상지 보스턴까지 가는 날이었다.

호텔 내 식당에서 아침을 들고 국회의사당 방문자센터로 가서 8시 40분경부터 약 1시간 동안 내부를 관람하였다.

미국 국회의사당U.S. Capitol은 1800년 북쪽 윙wing(건물 본관에서 한쪽으로 돌출되게 지은 건물)을 완공하여 필라델피아에 있던 연방의회를 이전한 후 남쪽 윙 완공(1807년), 중앙 건물 완공(1826년), 남쪽과 북쪽 윙 증축(1859년 종료) 등을 거쳐 현재 모습을 갖추었다.

지하 1층 노예 해방 홀Emancipation Hall을 통하여 입장하고 나서 안내데스크에서 한국어로 된 "미 의사당 관람 안내", "미국

↑ 국회의사당 원형 홀 천정에 그려진 프레스코화 "조지 워싱턴을 신처럼 우러러보며"

연방 의사당과 의회", "미연방 의사당 관람" 등 3종의 인쇄물을 받은 후 안내원을 따라 일행들과 함께 위층으로 올라갔다.

의사당 중앙에 자리한 원형 홀rotunda에 들어서니 벽 쪽에 조각상과 흉상들이 설치되어 있고 벽에는 그림들이 그려져 있어 미술관에 온 것 같은 느낌이 들었다.

이 원형 홀은 높이 55m, 지름 29m의 큰 원형 방으로 천정에는 "조지 워싱턴을 신처럼 우러러보며"란 프레스코화가 그려져 있었다.

워싱턴D.C.의 국회의사당

이곳의 조각상과 흉상들은 조지 워싱턴George Washington, 에이브러햄 링컨Abraham Lincoln, 로널드 레이건Ronald Reagan, 마틴 루터 킹 주니어Martin Luther King Jr., 알렉산더 해밀턴Alexander Hamilton(초대 재무 장관), 루크레티아 모트Lucretia Mott(여성인권 운동가) 등 대통령과 미국 역사상 저명인사의 것이었다.

원형 홀 벽에는 8개의 대형 역사화가 그려져 있는데 4개는 독립전쟁 당시를 담은 그림들로 "미국 독립선언"(1776년), "존 버고인 장군(1777년 새러토가 전투의 영국군 사령관)의 항복", "콘 월리스 경(1781년 요크타운 전투의 영국군 지휘관)의 항복", "조지 워싱턴 장군의 퇴임 서명"(1783년) 등으로 1819년에서 1824년 사이에 이 원형 홀에 자리하였다.

다른 4개의 그림은 초기 개척기를 담은 "콜럼버스의 하선", "미시시피의 발견", "포카혼타스의 세례", "청교도들의 승선" 등으로 1840년에서 1855년 사이에 추가되었다고 한다.

대형 역사화 중 그림이 그려져 있는 이유가 궁금한 장면은 "포카혼타스의 세례"이었다.

구글 검색창에서 확인해 보니 포카혼타스Pocahontas는 버지니아주 인디언 부족장 포우하탄의 딸로서 영국인 담배 농장주 존 롤프와 결혼하여 아메리카 원주민과 영국 정착민들 사이에 평

↑ 국회의사당 원형 홀의 대형 역사화와 동상들(오른쪽 그림이 "포카혼타스의 세례")

화 관계를 유지하는데 큰 역할을 하였다.

역사화의 장면은 포카혼타스가 영국인들에게 포로로 잡혀 있는 동안 기독교로 개종하고 세례를 받는 모습을 그린 그림이었다.

원형 홀 남쪽 옆방은 1,807년부터 50년간 미국 하원의 회의 장소이었다고 하는데 지금은 "국립 조각상 수집전시장National

↑ 국회의사당 국립 조각상 수집전시장(부분)

Statuary Hall Collection”으로 미국의 50 주州들이 각각 자기주州의 역사에 지대한 공헌을 한 사람들의 조각상들을 각각 2개씩 제작하여 기증한 작품들을 보관하고 있었다. 벽 쪽에 설치되어 있는 여러 자세와 복장의 조각상들을 둘러보며 사진을 찍었다.

이곳에서 미국이 50개 주가 모여 한 나라가 된 연방국United States이란 것을 실감하였다. 캘리포니아주(3,903만 명, 2,022년 기준), 텍사스주(3,003만 명) 등과 인구가 이들 주의 1.5% 내지 2.2%인 와이오밍주(58만 명), 버몬트주(65만 명) 등이 동등하게 조각상 수를 2개씩 전시하고 있고 국회 상원도 주별로 2명씩

의원을 선출하여 100명으로 구성하고 있다.

국회의사당 내부 관람을 마치고 10시가 조금 넘어 보스턴을 향해 출발하였다. 남은 여행 기간 중 가장 긴 760여 km(476마일) 거리로 필자가 운전하는 날이었다.

점심 후 고속도로로 들어가 달리다가 졸음이 와서 차가 두세 번 좌우로 약간 흔들려 팀원들이 불안하다고 한마디 하였다. 고속도로에서 인근 마을로 커피를 마시러 나가며 교차로에서 급정지하여 팀원들을 한 번 더 놀라게 하였다. 팀원들에게 아주 미안하였는데 커피를 마시고 조금 쉬고 나니 졸음이 가셔 그 후에는 정상적으로 운전할 수 있었다.

코네티컷주 84번 고속도로 인근 뉴브리턴New Britain시 한식당Seoul BBQ에서 비빔밥, 짬뽕밥, 떡만둣국 등으로 저녁을 들고 보스턴 숙소에 오후 8시 30분경 도착하였다. 방을 들어가 양치질과 세면을 하고 나니 긴장이 풀리고 피로가 몰려와 곧바로 잠에 떨어졌다.

DAY 30

BOSTON

보스턴 프리덤 트레일과 하버드대학교

보스턴의 역사적인 명소를 따라갈 수 있는 프리덤 트레일과 미국 최초의 대학이자 세계 최고의 대학 중 하나인 하버드대학교를 찾아가는 날이었다.

프리덤 트레일Freedom Trail은 보스턴 커먼Boston Common에서 시작하여 주 청사, 그래너리 묘지Granary Burying Ground, 파크 스트리트 교회Park Street Church, 킹스 채플King's Chapel, 옛 주 청사, 폴 리비어의 집Paul Revere House 등을 거쳐 벙커힐 기념탑Bunker Hill Monument까지 16개의 유명한 역사 유적지를 연결한 도로이다. 이 유적지들을 쉽게 찾아갈 수 있도록 4km의 도로 위에 붉은색의 벽돌 선이 그려져 있다.

← 보스턴의 프리덤 트레일 표식(가운데 붉은 벽돌 선)

아침 식사를 하고 나서 프리덤 트레일의 출발점인 보스턴 커먼으로 갔으나 시내 중심지라서 주차장은 보이지 않고 도로변 일렬 주차의 빈자리도 없어 온 길을 한차례 왕복하고 나서 간신히 주차할 수 있었다.

보스턴 커먼Boston Commen은 미국에서 가장 오래된 공원으로 1634년에 소의 방목지로 만들어졌으나 나중에 시민들의 집회와 연설장으로 이용되면서 "커먼common(공유지)"이라 불리게 되었다. 미국 독립혁명 중에 영국군이 주둔하였던 장소이었으나 지금은 잘 가꾸어진 대형공원으로 보스턴 시민들의 휴식처로 사랑받고 있다고 한다.

이곳에 있는 방문자 안내소Visitor Information에서 프리덤 트레일 지도를 사서 이곳에 표시된 붉은 색 선을 따라 걷기 시작하였다.그러나 팀원 중 한 명이 다리 관절이 안 좋아 조금만 걷자고 하여 트레일의 앞부분과 뒤쪽에 있는 몇 곳을 방문하기로 하였다.

첫 방문 장소는 보스턴 커먼 북쪽 길 건너에 있는 매사추세츠주 의사당Massachusetts State House으로 보스턴 시내 중심 비콘 힐Beacon Hill 정상에 1789년에 완공한 황금색 돔dome의 건물이었다. 이 건물은 미국 독립선언서에 서명하였고 최초의 주지사였던 존 핸콕John Hancock의 사유지에 건립되었으며 현재 의사당 내에는 주의회와 주지사 사무실이 있고 독립전쟁 관련 자료도 보관되어 있다고 한다.

빛나는 23K 금으로 덮은 돔 건물 앞에서 사진을 찍고 다음 장소인 파크 스트리트 교회Park Street Church로 내려갔다.

파크 스트리트 교회는 1809년에 선립되었는데 일빈 교회와는 달리 교회 지붕에는 66m 높이의 하얀색 팔각형 첨탑이 솟아 있다. 이 교회는 1812년 미영전쟁 때 교회에 화약 원료인 유황을 저장하여 "유황의 모퉁이Brimstone Corner"라고도 불리어

↑ 보스턴 매사추세츠주 의사당

졌으며 1829년에는 언론인인 윌리엄 개리슨William Garrison이 미국에서 처음으로 노예제도 반대 연설을 한 장소로 유명해졌다고 한다. 파란 하늘에 우뚝 솟은 흰 첨탑을 바라보며 교회를 왼쪽으로 돌아 그래너리 묘지Granary Burying Ground로 갔다.

파크 스트리트 교회 옆에 있는 그래너리 묘지는 1660년에 설립되어 보스턴에서 세 번째로 가장 오래된 공동묘지이다. 약 2,345개의 묘와 묘석이 있다고 하는데 미국 "건국의 아버지들The Founding Fathers" 중 한 명이며 100달러 지폐 속 초상화 주인공인 벤자민 프랭클린의 가족을 기념하기 위해 1827년에 세운 커다란 기념비도 있다. 특히 이곳에는 1775년 미국 독립전쟁의 포문을 연 렉싱턴 전투 시 영국군의 침공 소식을 말을 타고 달려가 미국 민병대에 미리 알려 대승을 거두게 한 폴 리비어Paul Revere와 미국 독립선언서에 서명한 새뮤얼 애덤스Samuel Adams, 존 핸콕John Hancock, 로버트 트리트 페인Robert Treat Paine 등 유명 인사들이 잠들어 있다.

묘지 안으로 들어가니 작은 성조기가 묘지 가장자리에 줄지어 세워져 있고 많은 참배객이 묘비나 커다란 기념비 앞에 모여있거나 주위를 오가고 있었다. 메모리얼 데이를 전후하여 미국 독립과 국가를 위해 헌신한 분들에 대한 미국인들의 추모 열정을 워싱턴D.C.와 보스턴에서 확인할 수 있었다.

↓ 보스턴 프리덤 트레일의 그래너리 묘지

↑ 보스턴 프리덤 트레일의 킹스 채플

그래너리 묘지를 돌아 나오니 앞쪽 길 건너에는 킹스 채플 King's Chapel 건물이 보였다. 킹스 채플은 미국 최초의 성공회 교회로 1686년 설립되었으나 현 건물은 1754년에 건립되었는데 교회 첨탑이 없는 것이 독특하다.

이 교회의 묘지는 보스턴 최초의 묘지로 청교도인들이 가장 많이 묻힌 곳이다. 1630년에 최초의 매사추세츠만 식민지 총독에 선출되어 1648년까지 12차례 총독에 재선(임기 1년)된 존 윈스럽John Winthrop, 메이플라워호May Flower 배를 타고 와 미국에 최초로 발을 디디고 "첫 추수 감사The First Thanksgiving"란 글을 쓴 여성 메리 칠튼Mary Chilton 등의 묘가 있다고 하였다.

그러나 오후 일정상 킹스 채플에 들리지 않고 프리덤 트레일의 마지막 장소인 벙커힐 기념비로 향하였다.

벙커힐 기념비Bunker Hill Monument는 1775년 6월 17일 미국 민병대가 보스턴 항구를 점령하고 있던 영국군을 공격한 전투에서 전사한 민병대원들을 기리기 위하여 세운 67m의 화강암 건축물이다. 이 전투에서 미국 민병대가 탄약 부족으로 후퇴하며 패배하였으나 영국군에게 2배 이상의 손해(영국군 사상자 1,054명, 민병대 사상자 450명)를 입혀 민병대의 사기를 진작시켰고 다음 해 3월 영국군이 보스턴에서 철수토록 하였다.

벙커힐 기념비 근처는 주택가로 주차 공간이 없어 한참을 돌다가 공간 하나를 발견하고 일렬 주차를 한 후 기념비로 올라갔다. 워싱턴D.C.의 워싱턴 기념비와 비슷한 형태로 웅장하였고 기념비 앞에는 벙커힐 전투 당시 민병대를 지휘한 대령 윌리엄 프레스콧William Prescott의 동상이 세워져 있었다.

기념비 내부는 꼭대기까지 294개의 나선형 계단으로 이루어져 있어 정상에 올라가면 아름다운 보스턴 시가와 항만의 경치를 내려다볼 수 있다고 하는데 입구의 문이 잠겨있었다.

기념비를 보고 나서 보스턴 항구로 내려가 바닷가 "부두6Pier 6" 식당에서 점심을 들었다.

← 보스턴 프리덤 트레일의 벙커힐 기념비

메뉴로 "피시 앤드 칩스Fish & Chips"를 주문하였는데 생선튀김과 길게 썬 감자튀김이 함께 나오는 요리로 30여 년 전 위스콘신대학교 유학 시 학생회관과 기숙사 식당에서 많이 먹었던 기억이 떠올라 음식이 반갑고 더 맛있다고 느껴졌다.

점심 식사 후 부두 서쪽에 높은 돛대 3개가 보여 가보기로 하였다. 이 목조 선체의 배는 "USS 콘스티튜션United States Ship Constitution호"로 1797년에 진수하였는데 "Constitution(헌법)"이란 배의 이름은 조지 워싱턴 대통령이 미국의 헌법 제정 이

↑ 보스턴 항구에 있는 USS 콘스티튜션 호의 함포들

후에 지었다고 한다. USS 콘스티튜션호는 아직도 미국 해군에 등재된 군함으로 HMS 빅토리호HMS Victory에 이어 현역으로 취역 중인 전함 중 세계에서 2번째로 오래된 선박이라고 한다.

1765년 진수한 HMS 빅토리호는 영국 포츠머스 항구에 전시하고 있는데 넬슨 제독이 1805년 트라팔가르 해전에서 승선하였던 군함이다. 이 군함은 북아프리카 지중해 연안에서 벌어진 바르바리 전쟁Barbary War(1801년)에서 해적들을 무찌르고 1812년 미영전쟁 시 영국 게리어함HMS Guerriere을 격침하는 등 여러 전투에서 승리를 거두었다.

배에 올라 하늘을 찌를 듯 높게 솟아 있는 3개의 돛대와 이들과 연결된 수많은 밧줄을 보며 이 배가 범선이란 것을 확인할 수 있었고 한 층 내려가니 배 외벽 양쪽에 줄지어 배치해놓은 대포들은 무적의 군함임을 과시하고 있었다.

나중에 자료를 자세히 보고 이 USS 콘스티튜션호 군함이 프리덤 트레일의 16개 역사 유적지 중 15번째 유적지란 것을 알게 되었는데 벙커힐 기념비와 USS 콘스티튜션호는 시내 유적지들과 멀리 떨어져 있어 방문객이 적고 잘 알려지지 않은 것 같았다. 배 내부와 갑판을 둘러보고 다음 방문지 하버드대학교로 향하였다.

하버드대학교는 1636년에 매사추세츠 식민지 일반의회가 설립한 미국에서 가장 오래된 대학이자 세계에서 가장 권위 있는 대학교 가운데 하나이다. 처음에는 새로운 대학New College 또는 뉴타운 대학College at Newtown로 불렸으나 청교도 목사이었던 존 하버드John Harvard가 유언으로 400여 권의 책과 재산의 절반인 현금 779파운드를 기증하여 이를 기리기 위해 하버드 대학Harvard College으로 이름을 바꿨다.

대학교 방문자센터 지하 주차장에 차를 세우고 1층으로 올라가 영어로 된 팸플릿을 받은 후 옆 카페에서 커피를 들었다.

대학 캠퍼스가 넓어 와이드너 도서관, 메모리얼 교회, 로스쿨(법과대학), 존 하버드 동상 등을 위주로 둘러보기로 하였다.

↑ 하버드대학교 와이드너 도서관

카페에서 나와 길을 건너 많은 사람을 따라가다 보니 오른쪽에 하버드대학교의 중앙도서관이며 미국 내 대학 도서관 중 가장 크다는 와이드너 도서관Widener Library이 보였다. 그리스 신전같이 줄지어 늘어선 기둥들 앞쪽에 "VERITAS(진리: 라틴어)"란 하버드대학교의 마크가 새겨진 붉은색의 커다란 휘장 3개가 걸려있어 웅장하고 엄숙하였다.

와이드너 도서관은 1912년 호화 여객선 타이태닉호 침몰로 사망한 하버드대학교 졸업생 해리 와이드너Harry Elkins Widener를 기리기 위해 그의 부모가 건축비를 기증해 지었다. 다만 아들이 수영하는 방법을 알았다면 죽지 않았다고 생각한 와이드너의 어머니는 기부 조건으로 하버드 대학생들에게 수영 테스트 통과를 졸업 요건으로 삼아 달라고 했다고 한다. 그 후 실제로 수영이 필수과목이 되었었는데 장애 학생 차별이라는 항의로 1970년대에 폐지되었다고 한다.

도서관 앞쪽 하버드 야드Harvard Yard에는 2023년 졸업식장이 야외에 설치되어 있었는데 세계 최고의 명문대학이면서도 검소하게 접이식 철제의자를 다닥다닥 붙여 좌석을 마련해놓은 것이 무척 인상적이었다. 와이드너 도서관 앞에는 졸업생들이 모여 기념사진을 찍고 있었다.

↓ 하버드대학교 2023년 졸업식장(하버드 야드) (왼쪽)

↓ 와이드너 도서관 앞에서 졸업 기념사진을 찍고 있는 학생들

고즈넉한 하버드대학교 교정

← 하버드대학 내 메모리얼 교회

메모리얼 교회는 제1차 세계 대전에서 목숨을 잃은 하버드 동문을 기리기 위해 1932년에 세워졌으나 이후에 제2차 세계 대전, 한국전쟁, 베트남전쟁 등의 희생자도 추가되었다.

교회의 한쪽 벽에는 희생된 동문 373명의 이름이 가득 새겨져 있었는데 한국전쟁에서 전사한 졸업생 18명의 이름도 적혀 있었다.

메모리얼 교회를 보고 나서 하버드 로스쿨Harvard Law School로 향하였다. 이 법학전문대학원(학부, 석사, 박사 과정 포함)은 미국

↑ 하버드대학교 로스쿨

제44대 대통령인 버락 오바마Barack Obama를 비롯한 4명의 미국 대통령과 미국뿐만이 아니라 세계 각국의 유명 인사들을 많이 배출한 명문 로스쿨이다.

하버드 로스쿨은 강의 중심에서 벗어나 판례 위주의 문답법인 소크라테스식 교수법Socratic Method을 처음 도입하였는데 1980년대 중반 MBC에서 "하버드대학의 공부벌레들"이란 타이틀로 방영한 드라마가 생각이 났다. 이 드라마에서 로스쿨의 킹스필드 교수가 학생들에게 판례 조사 숙제를 주고 다음 수업 시간에 그 판례에 관한 깐깐한 질문과 대화로 학생들을 당황하게 하는 장면을 몇 번 보았었다. 로스쿨 앞에 서서 당시 킹스필드 교수의 모습을 떠올리니 감회가 새로웠다.

↑ 하버드대학교 내 존 하버드 동상

방문자센터 지하 주차장으로 돌아가며 하버드대학교에서 가장 인기 있는 장소인 존 하버드 동상John Harvard Statue에 들렀다. 존 하버드 동상의 왼발을 만지면 3대代 안에 이 대학에 입학할 수 있다는 속설이 전해져 수많은 관광객이 발을 만지며 사진을 찍는다고 한다.

이 속설에 따라 왼발 부분을 수 없이 많이 만져 반질반질해져 있었는데 우리 팀원들도 각자 발을 만지며 사진을 찍었다.

뉴욕

DAY 31 DAY 32 DAY 33

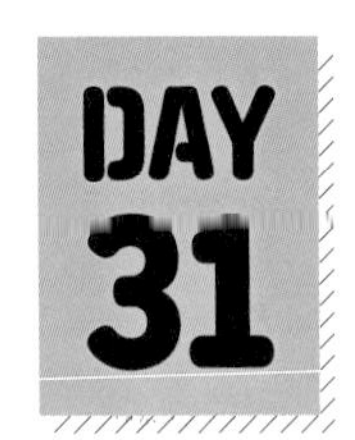

NEW YORK

보스턴에서 뉴욕으로, 숙소 주인과 재회 파티

이번 여행의 마지막 방문 도시이며 렌터카를 반납하는 뉴욕으로 가는 날이었다.

보스턴에서 8시 30분경 출발하여 뉴욕 퀸즈Queens 숙소까지 4시간 30분 정도 소요되었다. 뉴욕으로 가는 고속도로변 뉴헤이븐New Haven(코네티컷주) 야산에는 아카시아꽃이 활짝 피어 나무들 위에 눈이 쌓인 것같이 아름다웠다.

뉴욕의 숙소 한인텔 "뉴욕 엔젤하우스New York Angel House"에 도착하니 안주인 모니카 사장께서 반갑게 맞아주셨다. 4년 전인 2019년에 보고 다시 만나 정말 기쁘다고 하시면서 냉장고에 있던 수박, 딸기 등을 내주셔서 맛있게 들었다.

주인 성 사장께서 쇼핑몰 "타겟Target"에 안내해 주어 귀국

↑ 뉴욕 한인텔 "뉴욕 엔젤하우스" 사장 부부와 재회 파티

선물로 감기약과 수면 촉진제, 운동화, 견과류 등을 쇼핑한 후 돌아오는 길에 중식당 "삼원각"에서 저녁을 들었다.

4년 전과 같이 짜장면을 먹었는데 옛날 맛 그대로이고 맛있었다. 식당 주인이 서울에서 식당을 운영하다가 이곳에 와 개업한 후에도 반세기 이전의 음식 맛을 유지하여 이곳 교포들의 단골 식당이 되었다고 성 사장께서 얘기해 주었다.

저녁 후 한국인 상가에서 생선 모듬회와 막걸리를 사 와서 주인 내외와 재회 파티를 했다.

DAY 32

NEW YORK

뉴욕 현대미술관, 록펠러센터와 자유의여신상

뉴욕 엔젤하우스 모니카 사장께서 차려주신 아침밥을 들고 뉴욕 시내 관광에 나섰다.

4년 전에 왔을 때 엠파이어 스테이트 빌딩Empire State Building 전망대에 올라갔었기에 이번에는 록펠러센터의 전망대와 뉴욕 현대미술관, 자유의여신상 등을 찾아가기로 하였다.

4월 22일에 뉴욕현대미술관 11시 입장권을 예매하였기에 그전에 3블록 떨어져 있어 가까운 록펠러센터 전망대에 먼저 오르고자 일찍 맨해튼으로 들어가는 지하철에 올랐다.

록펠러센터Rockefeller Center는 뉴욕 맨해튼 5번가와 6번가, 48번스트리트에서 51번스트리트의 사이에 "미국의 석유왕"이

↑ 록펠러센터 전망대에서 본 엠파이어 스테이트 빌딩(왼쪽)

라고 불렸던 록펠러가 1931년부터 9년간 지었다. 전망대가 있는 지상 70층, 높이 259m의 최고층 GE 빌딩과 그 주위의 18채의 상업용 빌딩 등 총 19채의 건물군建物群을 말한다.

GE 빌딩의 야외 지하광장은 여름에는 옥외 레스토랑이나 롤러스케이트장이 들어서고 겨울에는 스케이트장으로 사용되어 뉴욕시민들이 많이 찾는 명소이다.

록펠러센터에 9시경에 도착하여 전망대인 "탑 오브 더 록Top of the Rock"에 올라가니 탁 트인 주변 풍경이 한눈에 들어왔다.

전망대 남쪽으로 뉴욕을 대표하는 랜드마크 중 하나인 엠파이어 스테이트 빌딩이 정면에 있고 뒤쪽 오른편에는 미국에서 제일 높은 빌딩인 541m 높이의 원 월드 트레이드 센터One World Trade Center와 월 가Wall Street 주위에 밀집한 고층 빌딩들이 보였다.

그 오른쪽 허드슨강 섬에 있는 자유의여신상도 어렴풋이 그 윤곽이 보여 반가웠다.

전망대를 왼쪽으로 돌아 북쪽으로 가니 드넓은 센트럴 파크Central Park가 빌딩들 뒤에 펼쳐져 있었다.

센트럴 파크는 뉴욕 맨해튼 중심부 103만 평(341ha) 부지 위

↓ 록펠러센터 전망대에서 내려다본 센트럴 파크

에 초목 지역과 인공호수, 분수, 놀이터, 동물원, 자전거 도로, 골프 코스 등 다양한 시설이 있어 레크레이션, 운동, 예술 공연 등의 활동과 휴식을 취할 수 있는 장소로 뉴욕시민과 관광객들에게 인기 있는 명소이다.

필자도 아직 가보지 못하였는데 앞으로 뉴욕에 다시 올 기회가 있으면 꼭 방문하고자 한다.

록펠러센터 "탑 오브 더 록" 전망대에서 보는 일몰이 일품이라서 일몰 시간대에는 입장료가 $10 추가된다고 하는데 이 또한 다음 기회로 미루어야 했다.

전망대에서 내려와 GE 빌딩 앞에 있는 황금색 프로메테우스 동상, 빌딩 옆쪽에 지구본을 들고 있는 아틀란티스 동상 등을 둘러본 후에 뉴욕 현대미술관으로 걸어갔다.

뉴욕 현대미술관 앞에 도착하니 벌써 입장하려는 관람객들이 줄을 지어 서 있어서 우리 팀원들도 긴 줄 맨 뒤에 가서 섰다. 뉴욕 현대미술관Museum of Modern Art: MoMA(약자)은 미국 석유 재벌 록펠러가의 며느리 애비 앨드리치 록펠러Abby Aldrich Rockefeller와 그녀의 두 친구에 의해 인상파 이후의 근대 미술 작품만을 전시하기 위해 1929년 개관한 곳이다.

처음에는 세잔, 고흐, 고갱 등의 작품 100여 점으로 시작하여 현재 피카소, 몬드리안, 앤디 워홀, 리히텐슈타인 등의 작품을 포함하여 15만 점이 넘는 작품을 소장하고 있는데 중, 고등학교 교과서에서 보았던 작품들을 여럿 만날 수 있다.

6층 건물인 미술관에서 관람객들은 대부분 1880년대부터 1940년대까지의 작품들을 전시하고 있는 5층에서 관람을 시작하여 그 이후 작품들을 전시하는 아래층으로 향한다.

우리 팀원들도 5층으로 올라갔는데 엘리베이터를 내리자 마주한 작품은 초현실주의의 아버지로 일컫는 앙리 루소Henri Rousseau의 대표작인 "잠자는 집시"이었다.

"잠자는 집시The Sleeping Gypsy"는 보름달 빛 아래 집시가 조용히 잠을 자고 있는데 사자가 옆에서 그녀를 지키고 있는 초현실적이고 몽상적인 그림이다. 또한 잠자고 있는 집시와 만돌린은 위에서 내려다본 시선이고 사자와 물병은 앞에서 본 모습으로 한 화면에 여러 시점에서 바라본 대상을 표현하는 입체주의식으로 그려져 있다.

이곳 5층 전시실에서 유명한 작품들을 많이 보았는데 그중에서 명작으로 많이 알려지고 인기 있는 몇 작품을 소개한다.

우선 파블로 피카소Pablo Picasso가 1907년에 그린 "아비뇽의 처녀들Les Demoiselles d'Avignon"이다.

↑ 앙리 루소, "잠자는 집시", 1897(캔버스에 유채, 뉴욕 현대미술관 소장)

이 그림은 미술사에서 최초의 입체주의 작품으로 현대미술의 시작점이라고 평가받고 있는데 바르셀로나 아비뇽 인근 사창가의 여성 5명의 누드를 그렸다고 한다.

원근법, 명암법 등 기존 회화 기법을 무시하였고 그림 하단에 놓인 과일과 탁자는 위에서 내려다본 시선이며 앉아 있는 여성의 얼굴은 앞모습, 몸은 뒷모습을 그렸다.

우측의 여인 둘은 서부 아프리카의 원시 가면에서 영향을 받았다고도 전해지며 평론가들은 변형되어 그려진 얼굴이 매독 증상을 상징하거나 성병에 대한 화가 자신의 두려움을 표현한

↑ 파블로 피카소, "아비뇽의 처녀들", 1907(캔버스에 유채, 뉴욕 현대미술관 소장)

것이란 해석을 내놓기도 하였다. 미술관 소장품 가운데 대표작 중 하나로 꼽히고 있는 이 그림 앞에서 한참을 감상하였다.

다음 방으로 가니 색채의 마술사라고도 불리는 마르크 사갈Marc Chagall의 "나와 마을I and the Village"이 보였다. 러시아에서 태어나서 파리로 간 마르크 샤갈은 고향 유대인 마을에 대한 소중한 추억들의 이미지를 원과 삼각형, 사각형의 기하학적인 구성을 통해 그려냈다. 화면 오른쪽에는 초록색 얼굴을 한

↑ 마르크 샤갈, "나와 마을", 1911(캔버스에 유채, 뉴욕 현대미술관 소장)

"나"의 옆모습이, 왼쪽에는 하얀 얼굴의 소 옆모습이 크게 확대되어 그려져 있다. 크게 그린 나와 소 외에 염소젖을 짜는 여인, 낫을 멘 농부, 바이올리니스트, 올리브 열매, 그리고 집의 단순한 이미지를 꿈속의 한 장면처럼 감성적인 색채로 표현했으며 일부는 거꾸로 묘사하였다. 그림을 보고 있자니 필자의 어린 시절 고향 풍경과 친구들과 집 앞 마당에서 뛰어놀던 장면들이 기억 속에 파노라마처럼 펼쳐졌다.

↑ 살바도르 달리, "기억의 지속", 1931(캔버스에 유채, 뉴욕 현대미술관 소장)

다음에 소개하는 그림은 517호 방에 있는 에스파냐 태생의 초현실주의 화가인 살바도르 달리Salvador Dali의 대표작 "기억의 지속The Persistence of Memory"인데 "기억의 영속", "기억의 고집"으로도 번역된다. 초현실주의는 1920년대 초부터 1960년대까지 프로이트의 정신 분석학의 영향을 받아 인간 내면의 무의식이나 꿈의 세계를 표현하는 미술 운동이다.

"기억의 지속"의 작은 화면(24/33cm)에는 달리의 고향인 바닷가 마을을 배경으로 왼쪽에는 녹아내리는 시계, 개미들이 몰려있는 회중시계, 고목과 관棺 같은 상자 등이 그려져 있다.

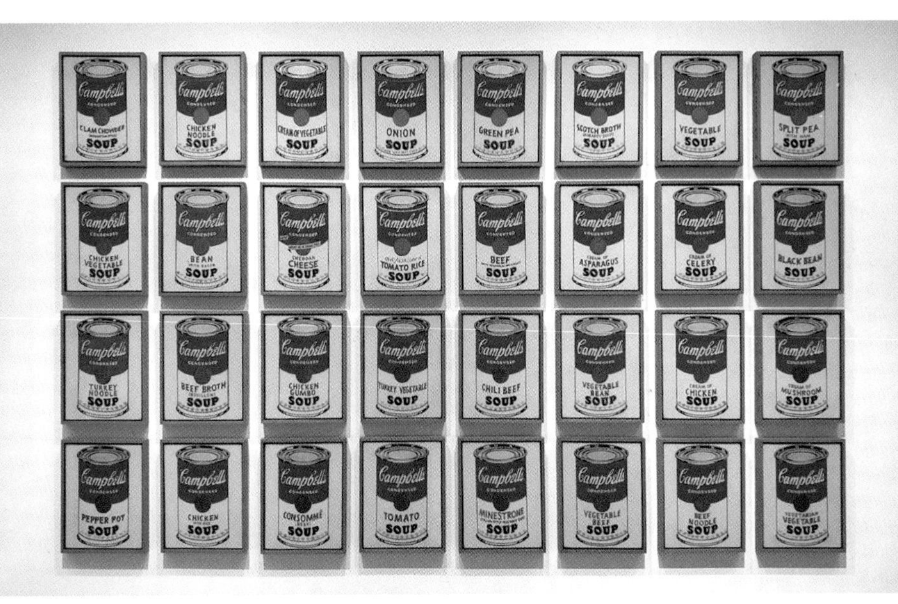

↑ 앤디 워홀, "캠벨 수프 캔", 1962(캔버스에 합성고분자 페인트, 뉴욕 현대미술관 소장)

가운데는 녹아내린 시계 아래 기형적인 인간 측면 얼굴이 그려져 있다. 녹아내리는 시계는 시계가 멈춰 시간이 의미를 상실한 영원의 공간을 나타내고 회중시계 위 개미들은 시간이 지남에 따라 소멸하는 생명체의 죽음을 상징한다고 한다. 이 그림은 인간의 영원과 소멸에 대한 신비로운 무의식을 드러낸 작품이라고 해석되고 있다.

이외에도 5층에서 클로드 모네의 "수련", 앙리 마티스의 "춤", 앙리 루소의 "꿈", 프리다 칼로의 "짧은 머리의 자화상", 몬드리안의 "브로드웨이 부기우기" 등 명화를 감상하였다.

↑ 잭슨 폴록, "One, Number 31, 1950", 1950 (캔버스에 유채, 에나멜, 뉴욕 현대미술관 소장)

4층을 거쳐 1층으로 내려가며 일상생활의 물건이나 이미지 등을 그리는 팝 아트pop art의 선구자 앤디 워홀, 추상표현주의의 선구자 잭슨 폴록, 팝 아트의 작가로 만화 캐릭터와 상업적인 이미지들을 그린 로이 리히텐슈타인 등 유명 화가들의 현대 명화 앞에선 잠시 걸음을 멈추었다.

4층 411호 작은 방에서는 1970년대 전반부터 성행한 비디오 아트Video Art의 선구자 한국인 백남준의 전시회 포스터, 작업 중인 사진과 푸른 화면의 텔레비전, 벽면을 비추고 있는 영사기 등 작품을 보며 그가 세계 예술계의 거장임을 확인하였다.

↑ 뉴욕 현대미술관 411호에 설치되어 있는 백남준의 영사기와 화면 작품

1층에 내려와 보니 이 미술관에서 가장 인기 있는 작품으로 빈센트 반 고흐의 대표 작품 중 하나인 "별이 빛나는 밤"을 관람하지 못하여 5층으로 다시 올라갔다.

5층 전시실을 한 바퀴 돌았으나 고흐의 작품은 502호 방에 "우체부 조셉 룰랭의 초상", "알핀의 올리브 나무", "붓꽃(아이리스)" 등 3점만 있었다.

"별이 빛나는 밤"은 고흐가 귀를 자른 사건 이후 생레미 정신병원에서 요양하며 고향의 밤 풍경을 그린 그림이다.

↑ 빈센트 반 고흐, "별이 빛나는 밤", 1889(캔버스에 유채, 뉴욕 현대미술관 소장)

강렬한 색과 두터운 붓놀림으로 밤하늘에 역동적으로 흐르는 대기와 구름, 휘몰아 도는 노란색 별들과 초승달, 하늘을 향해 솟은 사이프러스 나무와 교회 첨탑 등을 화폭에 담아 자기의 작품을 몰라주는 세상에 대한 서운함, 고독감, 불안감 등의 감정을 예술로 승화시킨 명작이다.

직원에게 문의하였더니 뉴욕 메트로폴리탄 박물관의 "반 고흐 특별전"에 대여해 주어 이곳에서는 볼 수 없고 꼭 보려면 그곳으로 가야 한다고 하였다. 오후에 자유의여신상을 보러 갈 계획이라 아쉬움을 달래며 MoMA(현대미술관)를 나왔다.

MoMA 근처에 있는 뉴욕 햄버거의 대표 격인 쉑쉑Shake Shack 식당에서 점심을 들었는데 맛은 있었으나 양이 적어 식당 앞에 있는 푸드트럭에서 핫도그 한 개씩을 더 사서 먹었다.

점심 후 자유의여신상을 보기 위해 지하철역으로 걸어가다 미국에서 가장 번화한 거리 중에서 한 곳인 타임스스퀘어의 원 타임스스퀘어 빌딩One Times Square Building을 만났다.

이 원 타임스스퀘어 빌딩은 4년 전에도 보았던 건물이지만 세계에서 가장 비싼 광고료를 자랑하는 앞면 전광판에는 우리나라 삼성과 미국 코카콜라를 광고하고 있었다. 이 전광판 주변은 대낮인데도 수많은 광고 화면과 인파로 붐비고 있었다.

지하철로 맨해튼 최남단 배터리 공원으로 가서 지상으로 올라가니 자유의여신상이 보였다.

프랑스가 미국 독립 100주년 기념선물로 보낸 이 여신상은 1886년 세워져 독립과 자유, 민주주의, 이민 등 미국의 가치를 상징하는 건축물 중 하나로 자리 잡았고 뉴욕에서 가장 인기 있는 관광지 중 한 곳이 되었다.

어제 숙소 엔젤하우스 사장께서 요즈음 관광객이 많아져 자유의여신상이 있는 리버티섬으로 가는 페리ferry를 타려면 오래 기다려야 할 것이라고 하여 걱정하였었는데 막상 매표소

AMERICAN EAGLE
MARRIOTT MARQUIS
MARRIOTT MARQUIS
YouTube
TRUE STORIES
MARRIOTT MARQUIS
PRIDE
SEPHORA
"I feel joyful and hopeful knowing queer people are working in solidarity, fighting for each other in the face of anti-LGBTQ+ hate trying to erase us or silence us."
Writer & journalist
MARRIOTT MARQUIS
WE'LL PAY OFF YOUR PHONE
NOW UP TO
ImperialDade
More than just distribution!
ImperialDade
ImperialDade.com
Packaging | Chemicals | Janitorial Supplies | Equipment | Greensafe
ImperialDade

↑ 뉴욕 타임스스퀘어의 원 타임스스퀘어 빌딩 (오른쪽 삼성전자와 코카콜라 전광판 빌딩)

↑ 뉴욕 자유의여신상

에 가보니 대기 줄이 길지 않아 안심되었다. 4년 전과 같이 리버티섬에 도착하여 횃불과 미국 독립선언서를 들고 지면에서 93.5m 높이로 서 있는 자유의여신상 주위를 한 바퀴 돌고 맨해튼 고층빌딩들을 배경으로 팀원들과 함께 사진도 찍었다.

이번 여행의 마지막 방문지인 자유의여신상을 떠나며 돌아가는 페리 위에서 여신상을 향해 손을 흔들어 작별 인사를 하였다.

DAY 33

NEW YORK

뉴욕을 떠나 인천공항으로

전날 저녁 식사 후 돌아왔을 때 숙소 성 사장께서는 헤어지는 게 아쉽다며 막걸리와 북어채, 블루베리, 수박 등을 내놓고 대화의 자리를 마련하셨었다.

코로나바이러스 감염증-19 확산 이후 불경기, 다단계판매, 우크라이나 전쟁 등 주제로 이야기를 나누었고 성 사장께서 2~3년 후 한국 고향인 경기도 이천을 방문할 계획이라고 하여 그때 만나기로 하고 자리에서 일어났었다.

아침에 일어나니 숙소 안주인이신 모니카께서 아침상을 푸짐하게 차려놓고 계셨다. 잡곡밥에 사골 근대국, 오징어볶음, 계란프라이, 파김치, 오이소박이, 찐 양배추, 취나물무침 등으로 아침 식사를 맛있게 들었다. 숙소 성 사장 내외와 몇 년 후 다시 만나기를 기약하고 헤어졌다.

존 F. 케네디 공항에서 렌터카를 반납하며 예상했던 문제가 제기되었다. 반납한 렌터카를 점검하던 검사원이 앞 유리 가운데에 동그랗게 금 간 손상 부분을 지적하고 그 부분을 사진 찍었다. 검사원과 함께 사무실에 갔는데 검사원이 반납 업무를 담당하는 멕시코계 젊은 여성 직원과 대화를 나누고 나서 필자를 불렀다.

여성 직원은 "차를 빌려 가져간 후 차에 손상을 입혀 반납하였는데 왜 손상되었는가? 차 손상에는 빌린 당신에게 책임 있다."라고 하였다. 필자는 "차 손상의 이유는 모르겠다. 고속도로를 운전한 후 모텔에 도착하고 나서 앞 유리에 금 간 것을 발견하였다. 이는 외부 충격에 의한 손상이라 생각하는데 본인 잘못은 없다."라고 답하였다.

L.A.에서 차를 빌릴 때 작성한 렌터카 계약서를 살펴보던 여성 직원은 계약서에 적혀있는 "pre-existence damage(현 상태 이전의 손상)"이란 두 단어를 확인하고 어디로인가 잠시 전화하고 나더니 "서류를 준비해 놓았네요. 당신에게는 책임charge이 없습니다. 앞으로 즐거운 여행을 하시길~~"라고 말하며 웃었다.

렌터카 조수석 뒷문에 긁힌 자국이 있어 계약서에 적어 놓은 두 단어였는데 손상 부분의 위치와 내용이 없어 여성 직원은 앞 유리의 손상이라 생각한 것 같았다. 여하튼 앞 유리 손상에 대해 변상하지 않아도 되어 안도의 숨을 내쉬며 자리에서 일어났다.

귀국행 비행기에 올라 좌석에 앉으니 한 달 이상 쌓였던 피로와 긴장이 풀리며 눈이 스르르 감기고 잠시 후 꿈나라로 빠져들어 갔다.

자료 사진 출처

055쪽 Dirk DBQ (https://www.flickr.com/people/dirkhansen/)
064쪽 Lianda Ludwig (@pixabay)
071쪽 Brady Smith; Coconino National Forest (https://www.flickr.com/people/42034606@N05)
095쪽 MM (https://www.flickr.com/people/43423301@N07)
098쪽 John Fowler (https://www.flickr.com/people/53986933@N00)
113쪽 Ken Lund (https://www.flickr.com/people/kenlund/)
131쪽 WmCheez (@Wikimedia)
141쪽 Adavyd (@Wikimedia)
149쪽 Library of Congress
151쪽 formulanone (https://www.flickr.com/photos/formulanone/)
163쪽 Infrogmation of New Orleans (@Wikimedia)
166쪽 Social Woodlands (https://www.flickr.com/people/49980602@N03)
185쪽 DXR (@Wikimedia)
191쪽 Anthony Quintano (https://www.flickr.com/photos/quintanomedia/)
198쪽 Summ (@Wikimedia)
206쪽 BitwiseXOR (@Wikimedia)
221쪽 Jeff Turner (@Wikimedia)
239쪽 Arashboz (@Wikimedia)
257쪽 Ron Cogswell (@Wikimedia)
285쪽 Bert Kaufmann (@Wikimedia)
311쪽 John Cunniff (https://www.flickr.com/photos/131474603@N03)

미국 남부 한 달 여행

초판 인쇄 2024년 4월 18일
초판 발행 2024년 4월 25일

지은이 김춘석
펴낸이 김상철
발행처 스타북스
등록번호 제300-2006-00104호
주소 서울시 종로구 종로 19 르메이에르종로타운 B동 920호
전화 02) 735-1312
팩스 02) 735-5501
이메일 starbooks22@naver.com

ISBN 979-11-5795-733-0 03980